노정희

요리 연구가. 유튜브 크리에이터. 어릴 적부터 요리
와 디저트에 관심이 많아 이를 배우는 데 많은 시간과
노력을 투자했다. 르 꼬르동 블루 숙
과 과정, 나카무라 아카데미 제과 코스
2013년에 오픈한 한남동 카페 지니를
점에 이르기까지 10년이 넘는 기간 동
저트 전문 카페를 운영했다.
오랜 시간 카페를 운영하며 쌓은 노하우를 기반으로
인기 카페 창업 클래스 운영했고, 수많은 수강생들의
카페 창업을 도왔다. 이후 카페 메뉴와 디저트, 홈베이
킹 노하우를 콘텐츠로 공유하는 유튜브 채널 '제이디
저트'를 시작하여, 현재 80만 구독자와 함께하는 콘텐
츠 크리에이터로 활동하고 있다.

유튜브 https://www.youtube.com/c/JDessert
블로그 https://blog.naver.com/syno7
인스타그램 https://instagram.com/cafe_jiny

CAFE
SANDWICH
MasterClass

CAFE
SANDWICH

MasterClass

카페 샌드위치 마스터 클래스

노정희 지음

hansmedia

Prologue

2013년, 한남동에 처음 디저트 카페를 오픈한 후 지금까지 쉴 새 없이 달려왔네요. 몇 해 전 유튜브를 시작하고 지금은 생각지도 못한 넘치는 사랑을 받고 있지만, 사실 이러한 결과가 오기까지 실패와 좌절의 순간들도 많았어요. 지난 11년을 돌이켜 생각해보면 무모한 도전의 연속이었지만 그런 시간들이 있었기에 제가 더 성장했고, 이 책을 통해 이렇게 독자 여러분들을 만날 수 있지 않았나 생각해봅니다.

저는 한남동과 논현동에서 샌드위치와 디저트를 전문으로 하는 카페를 오랫동안 운영하다가 주위의 권유로 클래스를 시작하게 되었어요. 그러다 클래스가 점차 입소문을 타면서 지방은 물론 해외에서까지 수강생분들이 찾아오기 시작했지요. 이 책에는 그렇게 오랜 기간 제가 샌드위치 수업을 하면서 수강생분들이 어려워하고 또 궁금해하셨던 내용과 여러 고민들을 쉽게 풀어드리고자 하는 마음을 담았습니다.

저는 어떤 음식을 만들든 맛의 조화가 잘 이루어져야 '최고의 맛'을 낼 수 있다 생각해요. 샌드위치라고 하면 간단하게 만들어 먹는 음식이라고 생각하시는 분들이 많겠지만, 샌드위치의 주재료인 빵, 스프레드, 다양한 속 재료들을 잘 조합해 밸런스를 맞추면 근사하고 훌륭한 요리가 될 수 있어요.

그래서 이 책에서는 마치 각각의 요리에 어울리는 소스처럼, 샌드위치에 들어가는 여러 가지 재료가 가진 맛의 특징에 따라 특별히 잘 어울리는 스프레드를 조합해 사용했습니다. 샌드위치 하나하나 각각 다른 스프레드와 소스를 사용했으니 어쩌면 복잡하다 생각하는 분들이 있을 수도 있겠지만 레시피를 따라 직접 만들어 드셔보시면 왜 이 재료에 이 스프레드를 사용했는지 바로 이해하실 수 있을 거라 생각해요. 샌드위치는 비슷한 스프레드에 속 재료 한두 가지만 바꿔서 만드는 단순한 메뉴라는 고정관념은 버리시고 이 책과 함께 다양하고 맛있는 나만의 특별한 샌드위치 요리를 완성해 행복한 시간을 만들어보세요.

무엇보다 제 유튜브 채널을 구독해주시고 호응해주시는 많은 구독자님들, 11년간 제 카페를 찾아 주신 고객님들과 클래스 수강생분들, 이 책을 내기까지 물심양면 도와주신 한스미디어 출판사와 이나리 편집장님, 카페와 클래스의 처음부터 끝까지 함께해준 내 단짝 지은언니와 정말 많이 사랑하는 가족들 너무나 감사합니다.

마지막으로, 어떠한 상황에서도 25년간 늘 내 편이었던 나의 가장 소중한 친구 유미야. 이 책을 쓰는 동안 도대체 언제 출간되냐며 수도 없이 물어봤었던 너였는데. 지금은 하늘에서 기다리고 있을 너에게 이 책을 꼭 전해주고 싶어.

제이디저트 노정희

CONTENTS

Chapter 3

Cold
Sandwiches

차가운 샌드위치

Chapter 7

Drinks

카페 음료

CHAPTER 1

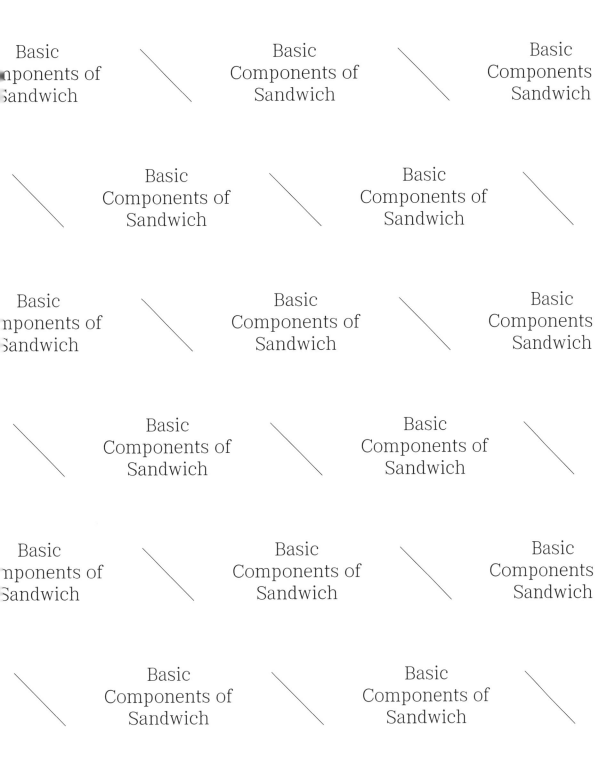

Basic
Components of
Sandwich

Basic
Components of
Sandwich

Basic
omponents of
Sandwich

Basic
Components of
Sandwich

Basic
Component
Sandwicl

Basic
Components of
Sandwich

Basic
Components of
Sandwich

Basic
omponents of
Sandwich

Basic
Components of
Sandwich

Basic
Components
Sandwicl

Basic
Components of
Sandwich

Basic
Components of
Sandwich

Basic
omponents of
Sandwich

Basic
Components of
Sandwich

Basic
Components
Sandwich

Basic
Components of
Sandwich

Basic
Components of
Sandwich

재료
INGREDIENT

> ### 샌드위치 빵

식빵

샌드위치를 만들 때 가장 자주 사용하는 빵으로, 부드러운 질감과 담백한 맛을 지니고 있어 어떤 재료와도 잘 어울린다. 기본 식빵 외에도 호밀 식빵, 잡곡 식빵 등 부재료에 따라 종류가 매우 다양하다.

치아바타

이탈리아어로 '슬리퍼'를 뜻하는 치아바타는 올리브 오일을 사용해 만들어 겉은 단단하지만 속은 쫀득하고 촉촉한 식감을 갖고 있다. 버터나 달걀을 사용하지 않은 빵이므로 매우 담백하여 샌드위치에 두루 활용하기 좋다. 기본 샌드위치에도 잘 어울리고 따뜻한 그릴 샌드위치를 만들 때도 많이 사용한다.

바게트

프랑스를 대표하는 빵으로, 가늘고 긴 형태에 겉면은 단단하고 속은 부드럽다. 밀가루, 이스트, 물, 소금만을 사용해 만들기 때문에 담백하고 고소하다. 바게트를 길게 반으로 갈라서 샌드위치를 만들거나 사선이나 동그랗게 슬라이스해 오픈 샌드위치를 만들 수도 있다.

사워도우

사워도우는 천연 발효종을 이용해 만든 빵으로, 천연 발효종 특유의 시큼한 맛이 나고 쫄깃한 식감이 특징이다. 풍미가 많은 속 재료가 들어가는 샌드위치를 만들 때 사용하면 사워도우의 신맛과 재료의 맛이 특히 잘 어울린다.

크루아상

프랑스어로 '초승달'을 뜻하는 크루아상은 밀가루 반죽에 버터를 넣은 다음 접고 밀기를 반복해서 구워낸 빵이다. 그 결과 여러 층의 결이 생기고, 버터로 인해 겉은 바삭하고 속은 촉촉한 것이 특징이다. 크루아상의 버터 풍미를 잘 살리기 위해서는 샌드위치 빵으로 쓸 때 맛이 강한 스프레드와 재료보다는 맛이 진하지 않은 산뜻한 재료들을 사용하는 게 더 좋다.

베이글

밀가루, 이스트, 물, 소금으로만 만들어진 링 모양의 빵. 지방과 당분이 적고 반죽을 끓는 물에 한 번 데친 후 굽기 때문에 조직이 촘촘하고 쫄깃한 식감을 갖고 있다. 기본 밀가루 반죽으로 만든 플레인 베이글 외에 건과일, 양파, 마늘, 올리브 등 다양한 재료를 넣어 만들기도 한다. 베이글에는 짜거나 진한 단맛이 나는 스프레드보다는 크림치즈가 들어간 부드러운 스프레드가 더 잘 어울린다.

햄버거 번

주로 햄버거를 만들 때 쓰는 동그란 형태의 부드러운 빵이다. 우유와 버터 향이 나고 맛이 담백하다. 꼭 고기 패티가 들어가는 햄버거가 아니더라도 다양한 샌드위치 빵으로 활용하기 좋다.

핫도그 번

기다란 형태를 띤 부드러운 식감의 빵으로 우유가 많이 들어 있어 우유 향이 난다. 일반적으로 소시지를 넣어 채소와 함께 먹지만 여러 가지 샌드위치를 만들 때 활용해도 좋다.

모닝빵

버터 향이 좋은 부드러운 빵으로 잼이나 버터를 발라 아침 식사로 먹기도 한다. 맛이 무난해서 다양한 재료를 넣고 샌드위치를 만들기도 하는데, 만드는 모양에 따라 종류가 다양하여 활용도가 높다.

토르티야

멕시코에서 즐겨 먹는 빵으로, 옥수수나 밀가루를 사용해서 넓적하고 얇게 만든다. 발효를 하지 않고 굽기 때문에 빠르고 간단하게 먹을 수 있어 다양한 토르티야 요리가 만들어졌다. 고기, 채소, 과일 등 원하는 재료를 넣고 돌돌 말아 랩 샌드위치를 만들기 좋다.

호밀빵 / 캄파뉴

구수하고 담백한 맛을 낸다. 기본적인 호밀빵에 여러 가지 곡물, 견과류, 건과일을 넣어서 굽기도 하는데, 샌드위치에 들어가는 속 재료와 호밀빵에 들어간 부재료가 조화를 이룰 수 있게 사용해야 한다.

반미

반미는 베트남어로 '바게트 빵'을 의미한다. 프랑스 바게트의 영향을 받아 만들어진 빵으로, 베트남에서는 쌀을 주식으로 하기에 밀가루에 쌀을 섞어 만든다. 그래서 바게트처럼 딱딱하지 않고 속이 부드럽고 폭신하다. 맛이 담백하고 무난해서 고기, 해산물, 채소 등 다양한 재료를 넣은 샌드위치를 만들 때 활용도가 높다.

양상추

'서양에서 온 상추'라는 뜻으로 양상추라고 불린다. 샐러드나 샌드위치에 가장 많이 사용되며 아삭한 식감과 달달한 맛이 좋다. 좋은 양상추는 윤기가 나는 연두색을 띠며, 들었을 때 묵직한 게 속이 꽉 찬 것이다. 미리 손질해두면 잘린 부분이 붉은색으로 물들기 때문에 사용하기 직전에 손질해서 수분을 제거하고 사용하는 게 좋다.

치커리

쌉싸름한 맛이 입맛을 돋우는 치커리는 특히 육류와 잘 어울린다. 샌드위치를 만들 때 단독으로 많은 양을 사용하면 쓴맛이 강해지니 적은 양을 사용하거나 다른 채소와 혼합해서 사용하는 것이 좋다.

로메인

로마인의 식탁에 필수로 올라가 로마인이 즐겨 먹었다 해서 '로메인'이라 이름 붙여졌다. 씹는 맛이 아삭하고 달며, 쓴맛이 적어 다양한 샌드위치에 무난하게 사용할 수 있다.

와일드 루콜라

서양 요리에 많이 사용되는 채소로, 루콜라는 이탈리아에서 유래한 이름이다. 특히 와일드 루콜라는 일반 루콜라에 비해 더욱 고소하면서도 쌉쌀한 맛이 난다. 끝맛에 톡 쏘는 매운맛이 있어 치즈, 고기, 햄 등 짠맛을 가진 재료와 잘 어울린다.

이자벨(멀티 리프)

수분이 많고 단맛이 나며 아삭한 식감을 가지고 있어 샐러드나 샌드위치를 만들 때 넣으면 어디든 잘 어울린다. 구불구불한 잎이 볼륨감이 있어서, 햄버거나 오픈 샌드위치에 넣으면 프릴 모양이 음식을 더욱 예쁘고 풍성하게 만들어준다.

양배추

'서양의 배추'라는 뜻으로 양배추라고 불린다. 다른 채소에 비해 뻣뻣하고 질겨 생으로 먹을 경우 얇게 슬라이스해 사용하는 것이 좋다. 식감이 아삭하고 씹을수록 단맛이 나며 식이 섬유가 매우 풍부하다. 과일이나 해산물이 들어간 샌드위치보다는 고기 재료가 들어간 샌드위치에 활용하면 좋다.

시금치

시금치는 비타민과 철분, 식이 섬유가 풍부한 채소다. 한국에서는 대체로 익혀서 먹지만 서양에서는 샐러드로 활용되기도 한다. 샌드위치에 사용하는 시금치는 중간 정도 자란 어린 잎을 사용하면 좋다.

크리스피아노(프릴 아이스)

수분이 많아 아삭하고 청량감이 풍부하며 달큰한 맛을 가지고 있다. 프릴처럼 주름진 잎으로 되어 있어 프릴 아이스라고 불리기도 한다. 맛이 무난하여 다양한 샌드위치에 활용할 수 있고, 프릴이 있어 채소가 보이는 샌드위치에 넣었을 때 예쁘게 표현할 수 있다.

카이피라

유럽형 상추로 부드러운 식감과 수분이 많이 함유되어 아삭한 식감을 갖고 있다. 특유의 향이나 채소의 쌉싸름한 맛이 전혀 없고 단맛이 나기 때문에 샌드위치나 샐러드 등에 다양하게 활용 가능하다.

어린잎 채소

각종 채소의 어린잎을 수확한 것으로 부드러운 식감이 특징이다. 하지만 빨리 무를 수 있기 때문에 세척 후 바로 사용하는 것이 좋다. 잎이 눌리는 샌드위치보다는 잎이 보이는 샌드위치에 활용하는 게 좋다.

라디치오

치커리의 일종으로 이탈리아가 원산지이며 대부분 수입된다. 약간의 단맛과 특유의 쌉쌀한 맛이 있어 입맛을 돋우는 채소이다. 쌉싸름한 맛 때문에 단독으로 사용하는 것보다는 다른 채소들과 함께 사용하는 것이 좋다. 붉은색을 띠고 있어 녹색의 채소들 사이에 넣으면 음식에 장식 효과도 줄 수 있다.

엔다이브

벨기에의 대표적인 샐러드 채소로 노란빛과 붉은빛의 2가지 종류가 있다. 쌉싸름한 맛이 있어 고기나 생선과 잘 어울린다. 핑거 푸드처럼 먹을 수 있는 오픈 샌드위치나 샐러드에 두루 활용 가능하다.

비타민(다채)

비타민 성분이 많이 들어 있어 비타민이라 불린다. 카로틴이 시금치의 2배나 되고 철분과 칼슘이 풍부하다. 단맛이 있고 담백하여 여러 가지 요리에 활용 가능하다. 주로 채소가 보이는 샌드위치에 활용하고, 샐러드라면 어디든 잘 어울린다.

래디시

붉고 둥글다고 해서 '적환무'라고도 불린다. 맛과 식감은 무와 비슷하지만 알싸한 맛이 덜하다. 생선과 고기가 들어가는 샌드위치에 잘 어울리며 얇게 슬라이스해 오픈 샌드위치나 샐러드에 장식용으로 많이 사용한다.

토마토

샌드위치를 만들 때 가장 많이 사용하는 채소 중 하나다. 토마토의 종류는 매우 많지만 샌드위치에 생으로 넣을 때는 주로 완숙 토마토를 사용한다. 크고 단단하고 윤기가 나며 붉은빛을 띠는 게 좋다. 너무 많이 익은 토마토는 안이 묽을 수 있으니 수분을 충분히 제거하고 사용해야 한다.

아보카도

고소하고 크리미한 식감이 있는 열대 과일이다. 실온에서 후숙해서 사용하는 과일로 녹색의 겉면이 검은색으로 변하면 잘 익은 것이므로, 이때 손질하여 사용한다. 칼로리가 높기 때문에 같이 사용하는 재료들은 대체로 칼로리가 낮은 걸 사용하는 것이 좋다. 샌드위치를 만들 때 으깨거나 얇게 슬라이스해 사용할 수 있다.

오이

오이에는 많은 수분이 함유되어 있어 아삭하고 청량감이 좋다. 한국에서 쉽게 접할 수 있는 오이는 백오이와 가시가 있는 청오이 두 가지가 있다. 백오이는 껍질이 연하고 부드러운 반면 청오이는 약간 쓴맛이 있고 백오이에 비해 단단하다. 소금이나 식초에 절이는 레시피라면 어느 오이든 사용해도 괜찮지만 시간이 어느 정도 지난 후 먹게 되는 샌드위치에 오이를 생으로 넣을 경우에는 쉽게 무르지 않는 청오이를 사용하는 것이 좋다.

주키니

애호박보다 크고 단단한 호박으로, 돼지호박이라고도 불린다. 열에 강해서 가열해도 아삭한 식감이 살아 있으므로 샌드위치에 활용하면 좋다.

각종 허브들

딜

딜은 유럽의 많은 나라에서 사용하는 허브다. 향긋하고 상쾌한 향이 나며 생선 비린내를 잡을 때 사용하면 좋다. 샌드위치를 만들 때는 연어가 들어가는 레시피에 활용하면 시원한 향이 기름진 맛을 산뜻하게 잡아준다.

로즈메리

라틴어로 '바다의 이슬'이라는 뜻을 갖고 있는 로즈메리는 향이 진해 고기의 잡내를 없앨 때 사용하면 좋다. 샌드위치에 들어가는 고기 중 특별한 양념 없이 소금과 오일로만 조리하는 레시피에 사용하면 좋다.

바질

이탈리아 요리에 많이 사용되는 바질은 달콤한 맛과 특유의 향긋한 향을 가지고 있다. 열을 가하면 향이 쉽게 날아가는 특성이 있어 생바질 잎을 여러 재료와 갈아서 사용하거나 주로 완성된 요리에 토핑으로 얹어 함께 즐긴다. 특히 토마토와 매우 잘 어울려 토마토가 주재료인 샌드위치를 만들 때 활용하면 향긋함을 더할 수 있다.

고수

특유의 독특한 향과 약간의 쓴맛이 있는 고수는 기름기가 있는 식재료와 특히 잘 어울린다. 하지만 사람에 따라 호불호가 있을 수 있으므로 속 재료에 넣기보다는 토핑으로 조금만 올리고 따로 곁들여 내는 게 좋다.

소스와 피클류

소스

---

1. 머스터드

샌드위치에 들어가는 스프레드 재료 중 가장 많이 사용하는 소스다. 겨자씨를 가공해서 만든 소스로, 겨자 특유의 톡 쏘는 맛이 있어 음식의 느끼한 풍미를 덜어준다. 시중에 나오는 머스터드에는 다양한 종류가 있는데 통 겨자씨에 식초와 화이트와인 등을 더한 홀그레인 머스터드와 식초, 겨자씨, 물, 소금, 향신료 등을 넣어 강하지 않으면서도 새콤한 옐로 머스터드, 꿀이나 시럽을 넣어 달콤한 맛을 낸 허니 머스터드가 있다. 그 외에도 디종 머스터드, 스위트 머스터드 등 다양한 제품들이 있으며, 햄, 베이컨, 소시지, 핫도그, 치킨 등 샌드위치에 들어가는 고기 재료들을 사용할 때 곁들이면 느끼한 맛을 없앨 수 있다.

2. 토마토 케첩

토마토에 설탕, 소금, 식초, 향신료를 넣어 만든 소스. 새콤한 맛을 지니고 있어 기름에 튀겼거나 느끼한 맛의 음식에 사용하면 좋다.

3. 마요네즈

달걀노른자, 오일과 식초를 혼합해 만든 소스로 부드럽고 고소한 맛이 나며 끝에 살짝 신맛이 난다. 샌드위치의 스프레드를 만들 때 다양하게 활용할 수 있다.

4. 올리브오일

올리브 열매의 기름을 추출해서 만든 식물성 오일로 포화 지방도가 낮다. 샐러드드레싱으로 많이 사용하는데 이때는 엑스트라 버진 올리브오일을 사용하면 더 진한 올리브오일의 풍미를 즐길 수 있다.

5. 화이트와인 식초

와인으로 만든 식초로 일반 식초에 비해 부드러운 신맛과 와인 향이 나며 은은한 단맛이 돈다. 샐러드드레싱을 만들 때 상큼한 맛을 더하기 위해 사용한다.

6. 발사믹 식초

이탈리아 모데나 지방의 포도로 만든 식초로 숙성 기간이 길수록 풍부하고 깊은 맛을 낸다. 단독으로 사용해 샐러드나 빵과 함께 먹어도 맛있고 올리브오일이나 다른 소스들과 섞어 먹기에도 좋다. 샌드위치에 넣을 때는 스프레드로 사용하기보다는 재료에 섞거나 완성된 오픈 샌드위치에 상큼한 맛을 첨가하기 위해 뿌리는 용도로 사용하는 것이 좋다.

7. 불고기 소스

간장 베이스에 다진 마늘, 양파, 사과, 배 등을 갈아 넣은 고기 소스다. 직접 만들어서 사용해도 되지만 많은 재료가 필요하기에 시판 불고기 소스를 사용해도 좋다. 시판 불고기 소스를 이용해 스프레드를 만들거나 속 재료용 고기를 볶는 등 다양하게 활용할 수 있다.

8. 꿀

음식에 단맛을 내기 위해 사용한다. 샌드위치를 만들 때도 꿀을 많이 사용하는데, 향이 진한 꿀을 사용하면 재료의 맛을 해칠 수 있으니 가급적 향이 많이 나지 않는 꿀을 사용하는 게 좋다.

9. 우스터 소스

영국 우스터 지방에서 만들어진 소스로 채소 베이스로 만든 식초와 앤초비, 소금, 향신료 등을 넣고 숙성해 만든 소스다. 고기의 잡내를 없애고 감칠맛과 간을 더하는 역할을 한다.

10. 칠리소스(핫소스)

서양에서 매운맛을 낼 때 주로 사용하는 소스다. 고기, 해물을 기름으로 요리했을 때 칠리소스를 사용하면 느끼함을 잡을 수 있다.

11. 스테이크 소스

토마토, 식초, 향신료, 마늘, 양파 등으로 만든 소스로, 주로 스테이크에 곁들이는 용도로 사용되지만 각종 육류를 볶거나 조릴 때 사용하면 감칠맛을 더할 수 있다.

12. 바비큐 소스

육류를 구울 때 사용하는 소스로 고기의 잡내는 없애고 풍미를 끌어올려준다. 시판 소스의 경우 제품마다 간이나 맵기가 다르므로 조금 사용해보고 요리에 추가하는 게 좋다.

13. 홀스래디시

뿌리채소인 홀스래디시를 갈아 식초, 마요네즈와 섞어 만든 제품으로 매운맛이 있다. 한국에서 흔히 접할 수 있는 와사비와 매우 흡사해 연어와 같은 생선 재료와 함께 먹으면 비리고 느끼한 맛을 줄일 수 있다.

14. 스리라차 소스

핫소스보다는 걸쭉하고 마늘과 식초를 넣어 매콤하면서도 시큼한 맛이 난다. 마요네즈와 섞어 스프레드를 만들기도 하고 요리에 매콤함을 더하기 위해 사용하기도 한다.

15. 토마토소스

스페인에서 최초로 만들었으나 이탈리아에서 파스타에 넣기 시작하면서부터 유명해졌다. 지금은 파스타 외에도 다양한 요리에 활용되고 있으며, 샌드위치를 만들 때도 해산물, 고기, 채소를 끓이거나 볶을 때 활용할 수 있다.

16. 스위트 칠리소스

고추, 식초, 마늘 등으로 만든 동남아식 소스로 매운맛이 강하지 않고 단맛과 새콤한 맛이 난다. 새우, 크래미 등 해산물이나 튀김 요리와 잘 어울린다.

17. 오이 피클

오이에 식초와 소금, 설탕, 향신료를 넣어 만든 초절임이다. 단맛이 있는 제품과 단맛이 전혀 없이 짜고 신 제품도 있다. 샌드위치를 만들 때는 기호에 따라 선택하여 사용할 수 있는데, 이 책에서 나온 모든 피클은 단맛이 첨가된 제품을 사용했다.

18. 케이퍼

꽃봉오리로 담근 피클로 연어 요리에 특히 잘 어울린다. 겨자와 같은 매운맛과 상큼하고 맑은 향이 있어 생선의 비린내를 없애고 요리의 맛을 돋운다. 연어 샌드위치를 만들 때 통으로 올리거나 잘게 다져서 곁들여 주고, 스프레드에 다져서 넣기도 한다.

19. 할라페뇨

맥시코의 고추인 할라페뇨를 식초, 설탕, 소금에 절인 제품이다. 한국의 청양고추와 매운맛이 비슷하지만 육질은 더 두꺼워 아삭한 맛이 있다. 샌드위치에 매운맛을 더하고 싶을 때 스프레드에 다져서 넣거나 오이 피클처럼 재료 사이에 넣어도 좋다.

20. 올리브 절임

생올리브 열매의 쓰고 떫은 맛을 없애기 위해 소금물에 담가 절인다. 일정 기간이 지나면 쓴맛은 사라지고 올리브의 향긋한 풍미가 나온다. 올리브 절임은 치즈와 특히 잘 어울리므로 치즈가 들어간 샌드위치나 샐러드에 다져서 넣거나 얇게 슬라이스해 첨가하면 좋다.

지즈는 코드를 바로 읽는 표현

1. 체더치즈

영국의 체더 마을에서 만든 치즈로 전통적인 체
더치즈는 향이 매우 강하다. 시중에서 흔히 구입
할 수 있는 슬라이스 체더치즈는 가공된 치즈로,
누구나 거부감 없이 즐길 수 있어 요리에 다양하
게 사용된다. 고소하면서도 짭짤한 맛이 있고 열
에 쉽게 녹아 그릴 샌드위치에도 사용할 수 있다.
일반적인 차가운 샌드위치와도 잘 어울린다.

2. 고다 치즈

네덜란드 고다 지역에서 만들어진 치즈로, 저온
살균된 우유를 압착한 후 응고시켜 치즈 겉면을
왁스로 코팅해 숙성한다. 가벼운 맛의 치즈로 치
즈를 잘 먹지 못하는 사람들도 거부감 없이 먹을
수 있다.

3. 에담 치즈

네덜란드 에담 지역에서 만들어진 치즈로 붉은색
왁스 코팅이 되어 있다. 짧게 숙성한 에담 치즈는
향이 진하지 않고 약간의 짠맛이 있다. 고다 치즈
와 함께 네덜란드를 대표하는 치즈다.

4. 에멘탈 치즈

스위스 에멘탈 지방에서 만들었으며 연한 노란빛
의 단단한 치즈로, 구멍이 뚫려 있는 것이 특징이
다. 와인, 과일의 달콤한 향이 나며 질감은 단단하
지만 입안에서는 매우 부드럽다.

5. 부라타 치즈

모차렐라 치즈 안에 우유 크림을 넣어 만든 이탈
리아의 프레시 치즈로, 모차렐라와 비슷해 보이
지만 갈라 보면 부드러운 질감의 크림이 나온다.
동그란 형태이고 수분이 많아 샐러드나 오픈 샌
드위치에 얹어 먹는 방식으로 만드는 게 좋다. 우
유의 풍미를 진하게 느낄 수 있다.

6. 모차렐라(보코치니 포함) 치즈

이탈리아 치즈로 전통적으로는 물소의 젖으로 만
들었으나 최근에는 우유로도 제조하고 있다. 따
뜻하게 데워 응고시킨 커드를 여러 번 늘려서 만
들어 쫄깃한 식감과 가열을 했을 때 늘어나는 점
이 특징이다. 숙성 과정을 거치지 않아 신선한 우
유 향이 나며 맛도 순하다. 소금물에 담가 판매하
는 프레시 모차렐라에는 큰 사이즈인 모차렐라와
미니 사이즈인 보코치니가 있는데, 신선한 풍미
를 살릴 수 있도록 차가운 샌드위치나 샐러드에
사용하면 좋다. 물기를 없애고 판매하는 슈레드
모차렐라 치즈는 냉동이 가능하고 주로 그릴 샌
드위치에 사용한다.

7. 고르곤졸라 치즈

이탈리아가 원산지인 치즈로 베이지색의 치즈 사
이에 푸른색 곰팡이가 대리석 무늬를 이룬다. 푸
른색의 곰팡이가 달콤하면서도 매콤하고 강한 풍
미와 독특한 감칠맛을 낸다. 숙성 기간과 방법에
따라 향이 더 진해지는데 취향에 따라 호불호가
있는 치즈이니 기호에 맞게 사용해야 한다.

8. 카이막

튀르키예의 치즈로 우유의 지방만을 크림처럼 굳
혀서 만든 제품이다. 우유의 지방을 모아 만들어
매우 부드럽고 진한 우유의 풍미를 느낄 수 있다.
주로 빵이나 꿀을 곁들여 먹는다.

9. 파르미지아노 레지아노 치즈 / 파르메산 치즈

이탈리아 치즈의 왕으로 불리는 전통 치즈다. 가
열한 뒤 압착, 숙성시킨 것으로 입자가 거칠며 노
란빛을 띤다. 풍미가 좋아 이탈리아 요리에 널리
쓰이는데 주로 덩어리를 갈아서 사용한다. 오픈
샌드위치나 핫도그 샌드위치에 치즈 맛을 더하기
위해 마무리 단계에서 갈아서 내면 좋다.

10. 카망베르 치즈

프랑스 카망베르에서 비멸균 소젖으로 만든 치즈로, 고소하고 특유의 향이 있으며 부드러운 질감을 갖고 있다.

11. 브리 치즈

프랑스 동북부 브리 지역에서 만든 치즈로 동그란 형태로 생산된다. 크림처럼 부드러운 질감이 특징이며 과일, 견과류의 향이 풍부하고 고급스러운 맛으로 '왕의 치즈'라고 불린다. 차갑게 먹어도 좋지만 열을 가하는 그릴 샌드위치에 사용하면 치즈의 풍미를 끌어올릴 수 있다.

12. 크림치즈

지방이 많아 매우 부드러운 질감으로 빵에 발라 먹기에도 편하고 과일, 채소, 어떤 빵에도 잘 어울린다. 양파, 채소, 견과류, 건과일 등 다양한 재료와 섞어 스프레드를 만들 수 있어 활용도가 높다.

햄과 가공육

1. 슬라이스 햄

소고기, 돼지고기, 닭고기 등 다양한 종류의 고기로 만들어진다. 슬라이스 형태이기 때문에 샌드위치에 사용하기 매우 좋다.

2. 소시지

다짐육을 길쭉한 모양으로 만든 제품으로, 향신료와 고기의 종류에 따라 다양한 맛을 즐길 수 있다.

3. 베이컨

돼지고기의 뱃살이나 옆구리 살을 소금에 절여 훈제한 것으로 다른 햄에 비해 기름기가 많다. 굽는 정도에 따라 식감이 달라지는데 한국인은 베이컨을 너무 바삭하게 굽는 것보다는 부드럽게 익히는 걸 좋아하는 편이다. 기호에 따라 구워서 활용한다.

4. 프로슈토

소금에 절여 건조한 이탈리아의 전통 돼지다리 햄이다. 스페인의 하몽과 매우 비슷하다. 소금에 절여 건조시키므로 짠맛이 매우 강해, 함께 먹는 다른 재료들은 짠맛이 없는 것을 사용하는 게 좋다.

5. 하몽

스페인의 전통 햄으로 돼지고기 뒷다리를 소금에 절여 서늘한 곳에서 오랜 시간 건조, 숙성시켜 만든다. 주로 생으로 먹고 짠맛이 매우 강해 얇게 슬라이스해서 판매한다. 과일이 들어간 오픈 샌드위치나 샐러드에 곁들이면 잘 어울린다.

6. 살라미

돼지고기나 소고기 등을 갈아 오일, 마늘, 향신료와 함께 섞어 강하게 양념하여 건조한 햄으로 특유의 진한 향신료 향이 있어 얇게 슬라이스해 샌드위치를 만들거나 와인과 곁들여 즐기기도 한다.

7. 잠봉

프랑스어로 '햄'이라는 뜻으로 돼지 뒷다리를 염장해서 구워 만들기도 하고 가열하지 않은 생햄 상태의 잠봉도 있다. 프랑스에서는 바게트에 버터를 발라 잠봉을 곁들여 즐긴다.

샌드위치 재료 손질법
HOW TO MAKE A SANDWICH

빵 구워서 식히기

샌드위치에 들어갈 빵은 토스터기, 오븐, 프라이팬 중 선택해 살짝 구워 사용한다.

- **토스터기**
  중간 세기에서 1~2분 이내

- **오븐**
  170도로 예열한 오븐에서 약 1~2분 이내

- **프라이팬 또는 그릴**
  아무것도 두르지 않은 달군 팬에서 앞뒤로 각각 약 15초

구운 빵은 겹쳐서 세우거나 식힘망에 올려 한 김 식혀 사용한다.

채소 손질하기

샌드위치에 들어가는 채소들은 찬물에 씻어 준 후 채소 탈수기나 키친타월을 이용해 물기를 제거한 후 사용한다. 세척한 채소들은 칼로 자르는 것보단 손으로 찢어 사용하는 게 좋다.

양파 매운맛 제거하기

- 샌드위치용 양파는 슬라이스하여 찬물에 10분 정도 담근 후 키친타월로 물기를 제거해 사용한다.

- 다진 양파를 쓰는 경우 찬물에 담가둔 슬라이스 양파를 잘게 다져 사용한다.

아보카도 손질하기

아보카도는 속까지 잘 익도록 후숙을 한 후 사용한다. 실온에 보관한 아보카도의 껍질이 진한 갈색이나 검은색으로 변하면 손으로 살짝 눌러보고 말랑할 경우 칼로 과육을 잘라준다.

1 잘 익은 아보카도에 칼날을 씨가 닿을 때까지 넣는다.
2 칼을 넣은 상태로 아보카도를 360도 돌려가며 칼집을 낸다.

3 아보카도를 양손으로 잡고 비틀어 반으로 가른다.

4 칼날로 아보카도의 씨를 돌려 과육과 분리한다.
5 껍질을 벗긴 후 원하는 사이즈로 자르거나 슬라이스하여 사용한다.

양상추 겹겹이 쌓아 넣는 방법

샌드위치에 들어가는 양상추를 알뜰하고 풍성하게 사용할 수 있는 팁을 소개한다.

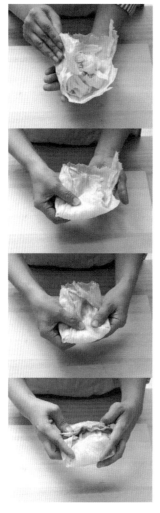

1 넓은 잎의 양상추를 그릇처럼 잡는다.

2 쌈의 재료를 넣는 것처럼 큰 잎의 양상추 안에 작은 양상추를 겹겹이 넣어준다.

3 큰 잎의 양상추를 빵의 크기와 동일하게 사방을 접어준다.

4 양손으로 양상추를 꾹 눌러준 후 접은 부분이 아래로 향하게 뒤집어 샌드위치 안에 넣어준다.

5 이 방법으로 양상추의 모양을 만든 후 반으로 가르면 양상추가 겹겹이 쌓여 있는 것을 볼 수 있다.

TIP 안에 넣는 양상추의 양을 늘리면 더욱 풍성한 결을 만들 수 있어요.

앞에서 소개한 방법을 응용하면 샌드위치 안에 쌓기 힘든 재료들을 무너지지 않고 겹겹이 가득 넣을 수 있다. 양배추도 같은 방법으로 응용해보자.

1 넓은 잎의 양상추 한 장을 그릇처럼 잡는다. 그 위에 채 썬 양배추를 가득 넣는다.

2 마치 쌈을 싸듯 양상추를 빵의 크기로 접어 양배추를 감싸준다.

3 양손으로 양상추를 꾹 눌러준 후 접은 부분이 아래로 향하게 뒤집어 샌드위치 안에 넣어준다.

TIP 채 썬 양배추 외에도 잘 뭉쳐지지 않는 속 재료를 넣을 때 이 방법을 쓰면, 재료가 흐트러지지 않고 겹겹이 쌓인 풍성한 샌드위치를 완성할 수 있어요.

샌드위치 포장법
HOW TO WRAP IT UP

사각 샌드위치 유산지 포장하기

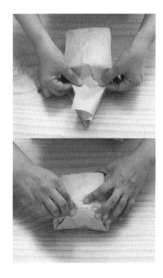

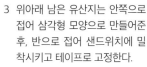

4 테이프를 붙인 부분이 아래로 향
하도록 하고, 빵칼을 이용해 샌
드위치를 톱질하듯이 반듯하게
잘라준다.

   TIP 3M 스카치 매직 테이프를
   사용하면 적은 양으로 한 번에
   포장지를 고정시킬 수 있어요.

3 위아래 남은 유산지는 안쪽으로
접어 삼각형 모양으로 만들어준
후, 반으로 접어 샌드위치에 밀
착시키고 테이프로 고정한다.

1 시중에 판매하는 정사각 샌드위
치 빵을 사용할 경우 33×33cm
크기의 유산지를 사용한다.

2 유산지 중앙에 완성된 샌드위치
를 올리고 손으로 샌드위치를 지
그시 눌러준 후, 유산지 양쪽이
중앙에서 만나도록 타이트하게
접어준 후 테이프로 고정시킨다.

토르티야 샌드위치 유산지 포장하기

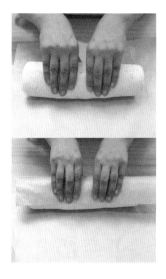

2 양쪽 유산지를 모양에 맞추어 접어 올린 다음 테이프를 붙인다.

TIP 샌드위치를 바로 먹는 경우 유산지를 반으로 잘라서 토르티야의 2/3 부분만 감싼 다음, 위와 같은 방법으로 포장한다.

1 유산지 중앙 끝부분에 토르티야를 놓고, 타이트하게 말아준 다음 테이프로 고정한다.

다양한 샌드위치 포장법

시판 샌드위치 용기를 활용하면 다양하게 샌드위치를 포장할 수 있다.

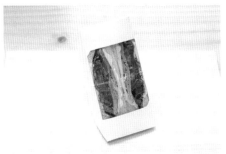

삼각 / 사각 접이식 종이 용기 포장

사각형 식빵으로 만든 샌드위치를 사선이나 반으로 잘라 넣을 수 있는 용기. 투명 창을 이용해 샌드위치의 속 재료를 볼 수 있다.

> **활용 예▶** BLT 샌드위치, 단호박 샌드위치, 돈가스 샌드위치, 로제 치킨 샌드위치 등 정사각 모양의 샌드위치에 잘 어울린다.

투명 뚜껑 + 받침 용기 포장

다양한 크기와 높이, 모양의 받침 용기에 샌드위치를 넣고, 투명한 뚜껑을 덮는 형태의 용기이다. 받침 용기는 주로 코팅된 종이나 플라스틱으로 만들어져 있는데, 용도에 따라 다양한 모양을 선택할 수 있다.

정사각 모양 용기는 주로 사각 샌드위치를 반으로 잘라 단면이 보이게 넣어 사용한다. 작은 사이즈의 샌드위치를 넣기에도 좋다.

> **활용 예▶** 크루아상 샌드위치, 모닝빵 샌드위치, 오픈 샌드위치 등

직사각 모양 용기는 사각 샌드위치를 4등분 했을 때 길게 줄을 세워 넣거나 긴 형태의 빵을 이용한 샌드위치를 포장할 때 쓰면 유용하다.

> **활용 예▶** 바게트 빵 샌드위치, 핫도그, 반미 샌드위치, 오픈 샌드위치 등

비닐을 활용한 포장   OPP 재질로 된 비닐 봉투를 활용한 포장지로, 다양한 사이즈가 있어 샌드위치에 맞게 선택해 구입할 수 있다. 특히 샌드위치를 자르지 않고 모양 그대로 포장할 때 사용하면 좋다. 주로 단면을 강조해야 하는 샌드위치보다는 빵의 모양을 드러내고 싶은 샌드위치에 어울리는 포장법이다. 샌드위치를 비닐로 밀착해서 포장하는 것보다는 비닐의 윗부분 공간을 여유 있게 남기고 리본으로 묶거나 비닐 끝부분부터 돌돌 말아 테이프로 고정하면 좋다.

┃ **활용 예▶** 베이글 샌드위치, 크루아상 샌드위치, 핫도그, 바게트 샌드위치 등

햄버거 용기 포장   속 재료가 풍성하게 들어간 메뉴의 전체적인 모양을 보여줄 수 있는 포장법. 햄버거나 두툼한 샌드위치 종류를 넣을 수 있는 펄프 소재의 용기다.

┃ **활용 예▶** 바비큐 치킨 버거, 함박 스테이크 햄버거, 크루아상 샌드위치 등

샐러드 용기 포장 샐러드는 수분이 많은 재료와 묽은 드레싱을 사용하기 때문에 방수가 잘 되는 포장 용기를 사용하는 게 좋다. 플라스틱으로 된 용기를 활용하거나 최근 출시된 펄프 소재이지만 물에 젖지 않는 용기들을 활용한다. 샐러드드레싱은 미리 뿌리지 말고 별도의 작은 플라스틱 용기에 담아 넣어준다.

CHAPTER 2

Basic
Sandwiches

Basic
Sandwiches

Basic
Sandwiches

Basic
Sandwiches

Basic
Sandwiches

Basic
Sandwiches

Basic
Sandwiches

Basic
Sandwiches

Basic
Sandwiches

Basic
Sandwiches

Basic
Sandwiches

Basic
Sandwiches

Basic
Sandwiches

Basic
Sandwiches

Basic
Sandwiches

Basic
Sandwiches

Basic
Sandwiches

Basic
Sandwiches

Basic
Sandwiches

Basic
Sandwiches

Basic
Sandwiches

Basic
Sandwiches

Basic
Sandwiches

Basic
Sandwiches

Basic
Sandwiches

Basic
Sandwiches

Basic
Sandwiches

Basic
Sandwiches

Basic
Sandwiches

Basic
Sandwiches

Basic
Sandwiches

Basic
Sandwiches

Basic
Sandwiches

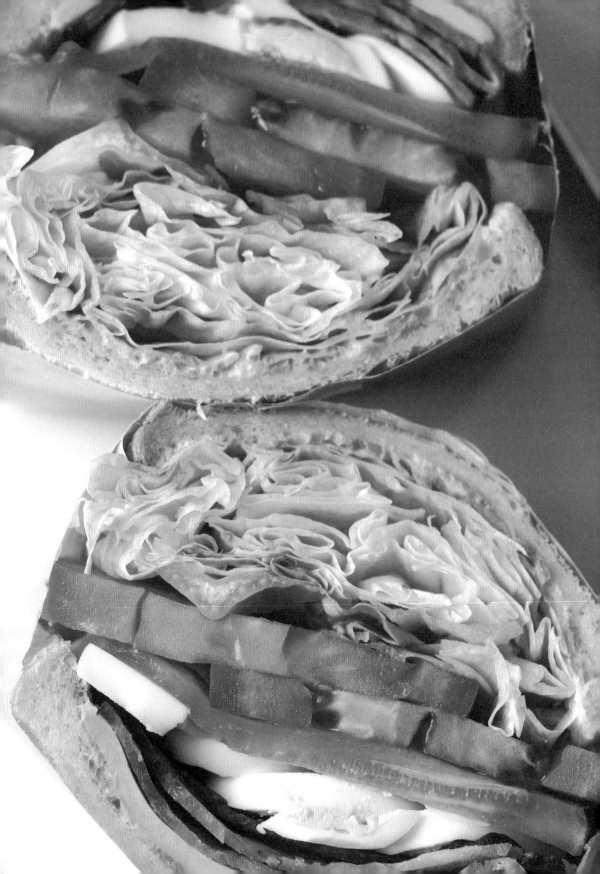

BLT

BLT Sandwich

샌드위치

BLT는 베이컨(Bacon), 양상추(Lettuce), 토마토(Tomato)의 앞 글자를 따서 만든 샌드위치예요. 가장 기본이 되는 샌드위치면서, 누구나 맛있게 즐길 수 있는 메뉴이기도 하지요. 샌드위치 이름에 들어간 재료들만 넣어도 맛있지만 치즈나 햄, 달걀을 추가해 만들어도 맛있답니다.

기본 재료

○ 베이컨 2줄
○ 토마토 슬라이스 2개
○ 피클 슬라이스 3개
○ 양상추 2장
○ 달걀(실온) 1개
○ 식빵 2장
○ 체더치즈 슬라이스 1장

렐리시 마요 스프레드

렐리시 마요 스프레드

○ 옐로 머스터드 1T
○ 마요네즈 1T
○ 꿀 1t
○ 렐리시 1T

1. 렐리시 마요 스프레드 재료를 미리 잘 섞어둔다.

2. 베이컨은 프라이팬에 바삭하게 구운 뒤 키친타월에 올려 기름기를 제거한다.

3. 토마토는 0.5cm 두께로 슬라이스하여 소금과 후추를 살짝 뿌린 후 수분을 제거한다.

4. 피클은 0.3cm 두께로 슬라이스하고, 양상추는 깨끗하게 씻어 물기를 제거한다.

5. 냄비에 달걀이 잠길 정도로 물을 넣고, 끓기 시작하면 12분간 삶는다.

   삶은 달걀을 바로 찬물에 담가 껍질을 제거한 후 0.5cm로 슬라이스한다.

6. 식빵은 앞뒤로 살짝 구워 식혀준다.

7. 식빵 한 면에 스프레드의 절반을 골고루 펼쳐 발라준다.

8. 그 위에 체더치즈, 베이컨을 순서대로 올린다.

9. 슬라이스한 달걀, 피클, 토마토를 순서대로 쌓아준다.

10. 손질한 양상추를 그 위에 올린다.
    TIP 양상추 손질법은 P. 36 참고

11. 남은 식빵 한 면에도 스프레드를 골고루 발라준 후 빵을 덮는다.

（7）

（8-1）

（8-2）

（9-1）

（9-2）

（9-3）

（10）

（11）

햄 치즈 샌드위치

Ham and Cheese Sandwich

BLT와 함께 샌드위치 중 기본이 되는 하나로, 재료는 단순하지만 스프레드와 재료의 조합이 무척 잘 어울리는 샌드위치예요. 차갑게 먹어도 맛있는 샌드위치라서 야외 활동이나 피크닉 때 준비하면 유용하답니다.

기본 재료

○ 로메인 1장
○ 토마토 슬라이스 2개
○ 크루아상 1개
○ 고다 치즈 슬라이스 1장
○ 슬라이스 햄 2장

머스터드 스프레드

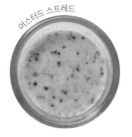

머스터드 스프레드

○ 홀그레인 머스터드 1t
○ 마요네즈 3t
○ 꿀 1t
○ 레몬즙 1t

1. 머스터드 스프레드 재료를 미리 잘 섞어둔다.

2. 로메인은 깨끗이 씻어서 물기를 제거한다.

3. 토마토는 0.5cm 두께로 슬라이스한다.

4. 크루아상을 반으로 가르고 위아래에 머스터드 스프레드를 골고루 바른다.

5. 크루아상에 로메인을 반으로 접어서 넣는다.

6. 고다 치즈 슬라이스를 삼각형으로 접어서 올려준다.

7. 토마토 슬라이스와 슬라이스 햄을 순서대로 올린다.

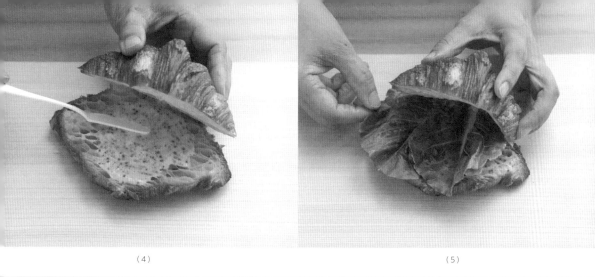

（4）

（5）

（6）

（7-1）

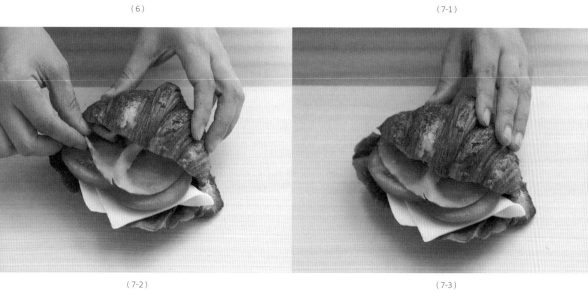

（7-2）

（7-3）

단호박 크림치즈

샌드위치

달콤한 찐 단호박에 크림치즈를 넣어 단호박 샐러드를 만들고, 빵 안에 각종 채소와 단호박 샐러드를 듬뿍 넣은 샌드위치예요. 상큼한 유자 스프레드 덕분에 더 특별한 맛을 느낄 수 있답니다.

기본 재료

○ 단호박 샐러드
  단호박 100g
  크림치즈 20g
  아몬드 슬라이스 5g
  말린 크랜베리 5g
  꿀 3t
  소금 1꼬집

○ 통밀 식빵 2장
○ 고다 치즈 슬라이스 1장
○ 토마토 슬라이스 2개
○ 이자벨 4장

유자 스프레드

유자 스프레드

○ 유자청 1T
○ 크림치즈 2T
○ 레몬즙 1t

1. 유자 스프레드 재료를 미리 잘 섞어준다.

2. 단호박은 찜기에 쪄서 으깨준 후 충분히 식혀준다.

3. 부드럽게 풀어준 크림치즈를 단호박에 넣고 잘 섞어준다.

4. 아몬드 슬라이스, 말린 크랜베리, 꿀, 소금을 넣고 섞어서 단호박 샐러드를 완성한다.

   TIP 단호박 샐러드는 손으로 뭉쳐질 정도로 수분량을 조절해 만들어주세요.

5. 통밀 식빵은 앞뒤로 살짝 구워 식혀준다.

6. 식빵 한 면에 스프레드의 절반을 균일하게 펼쳐 발라준다.

7. 그 위에 고다 치즈 슬라이스를 올린다.

8. 단호박 샐러드를 손으로 둥글게 빚어 한가운데에 올린다.

9. 토마토 슬라이스와 이자벨을 순서대로 쌓는다.

10. 남은 식빵 한 면에도 스프레드를 발라준 후 빵을 덮는다.

（2）

（3）

（4）

（6）

（7）

（8）

（9）

（10）

치킨 텐더

Chicken Tender Sandwich

샌드위치

담백한 닭가슴살로 치킨 텐더를 만들고, 각종 채소를 넣고 감싼 영양 만점 샌드위치예요. 여기에 치킨과 매우 잘 어울리는 허니 머스터드 소스를 더하여 남녀노소 누구에게나 사랑 받는 메뉴랍니다.

기본 재료

○ 치킨 텐더

　닭가슴살 1쪽
　우유 1/2컵
　소금 2꼬집
　후추 2꼬집
　튀김가루 1T
　달걀 1개
　빵가루 5T

○ 토마토 슬라이스 2개
○ 피클 슬라이스 3개
○ 양파 슬라이스 한 줌
○ 토르티야(지름 20cm) 1장
○ 로메인 8장
○ 고다 치즈 슬라이스 2장

허니 머스터드 소스

허니 머스터드 소스

○ 허니 머스터드 2T
○ 마요네즈 1T
○ 다진 피클 2t
○ 다진 양파 2t
○ 레몬즙 1t

1. 허니 머스터드 소스 재료를 미리 잘 섞어준 후 짤주머니에 담는다.

2. 닭가슴살은 세로로 길게 세 조각으로 썰어준 후 우유에 10분간 담가 둔다.

3. 재운 닭가슴살을 흐르는 물에 씻은 다음 물기를 제거한 후 소금과 후추를 뿌려준다.

4. 팬에 식용유를 넣어 170~180도까지 가열해준다.

5. 닭가슴살에 튀김가루, 풀어둔 달걀, 빵가루 순서로 튀김옷을 입혀준 후 노릇하게 튀겨준다.

6. 잘 튀겨진 치킨 텐더를 튀김망에 올려 식힌다.

7. 토마토는 0.5cm, 피클은 0.3cm 두께로 슬라이스한 후 물기를 제거한다.

8. 양파는 0.3cm 두께로 슬라이스한 후 찬물에 10분 정도 담가준 후 물기를 제거해 매운맛을 없애준다.

9. 토르티야를 프라이팬에 앞뒤로 살짝 구워준다.

   TIP 토르티야를 너무 오래 구우면 재료를 넣고 말 때 부서질 수 있어요. 살짝만 구워주세요.

10. 토르티야 위에 로메인을 교차시키며 듬뿍 올린다.

（2）

（5-1）

（5-2）

（5-3）

（6-1）

（6-2）

（10）

（11-1）

（11-2）

（12-1）

（12-2）

（13-1）

（13-2）

（14-1）

（14-2）

（15）

11. 고다 치즈 슬라이스를 올리고, 토마토 슬라이스를 반으로 잘라
    그 위에 올려준다.

12. 양파 슬라이스를 골고루 얹고, 그 위에 허니 머스터드 소스를
    뿌려준다.

13. 치킨 텐더, 피클 슬라이스 순으로 중앙에 올려준다.

14. 속 재료가 빠지지 않도록 토르티야를 힘 있게 돌돌 말아준다.

15. 잘 말아진 토르티야를 유산지로 한 번 더 감싸준 후, 가운데를
    잘라 서빙한다.

돈가스 샌드위치

Pork Cutlet Sandwich

직접 만들어 더 맛있는 수제 돈가스에 아삭한 채소를 곁들인 샌드위치예요. 바삭한 돈가스와 매력적인 소스 2종, 부드러운 빵이 어우러져 한 끼 식사로도 좋습니다.

돈가스 마요 소스

홀그레인 머스터드 마요 스프레드

기본 재료

○ 돈가스
   돼지 등심(두께 2cm) 100g
   맛술 1T
   소금 1꼬집
   후추 1꼬집
   튀김가루 2T
   달걀 1개
   빵가루 1/2컵

○ 양배추 2장
○ 식빵 2장

돈가스 마요 소스

○ 돈가스 소스 2T
○ 마요네즈 1T

홀그레인 머스터드 마요 스프레드

○ 마요네즈 2T
○ 홀그레인 머스터드 1T

1. 분량의 소스 재료를 각각 미리 섞어 준비한다. 이 중 돈가스 마요 소스는 짤주머니에 담는다.

2. 돼지 등심에 맛술, 소금, 후추를 뿌리고 30분간 재운다.

3. 재운 등심에 튀김가루, 풀어둔 달걀, 빵가루 순서로 튀김옷을 입혀준다.

4. 달궈진 튀김 팬에 돈가스를 넣고 노릇하게 튀긴다.

   TIP 기름의 온도는 170~180도가 적당합니다. 온도계가 없다면 기름에 빵가루를 조금 넣었을 때 중간쯤 가라앉다가 떠오를 정도가 튀김을 하기에 알맞은 온도예요.

5. 잘 튀겨진 돈가스를 튀김망에 올려 식힌다.

6. 양배추는 최대한 가늘게 채 썬 후 찬물에 10분 정도 담갔다가 물기를 제거한다.

7. 식빵 한 면에 홀그레인 머스터드 마요 스프레드의 절반을 골고루 펼쳐 발라준다.

（2）

（3-1）

（3-2）

（3-3）

（4）

（5）

（6）

（7）

8. 그 위에 튀긴 돈가스를 올리고, 돈가스 마요 소스를 뿌린다.

9. 채 썬 양배추를 올린다.

10. 남은 식빵 한 면에도 스프레드를 골고루 발라준 후 빵을 덮는다. 완성된 샌드위치는 유산지로 감싸주고, 반으로 잘라 서빙한다.

（8-2）

（9）

（10-1）

（10-2）

73

루콜라
프로슈토

샌드위치

Arugula Prosciutto Sandwich

프로슈토는 이탈리아의 숙성 햄으로, 돼지 뒷다리를 소금에 절여 만들어 짭조름한 감칠맛이 일품입니다. 짠맛의 식재료에 맛이 은은한 과일을 더해 샌드위치로 만들어 먹으면 정말 잘 어울린답니다. 근사한 브런치 메뉴로도 추천합니다.

발사믹 허니 소스

크랜베리 크림치즈 스프레드

기본 재료

○ 루콜라 한 줌
○ 아보카도 1/2개
○ 사워도우(1.5cm 두께) 슬라이스 2장
○ 에멘탈 치즈 슬라이스 1장
○ 프로슈토 5장

발사믹 허니 소스

○ 발사믹 1T
○ 꿀 1T

크랜베리 크림치즈 스프레드

○ 크림치즈 3T
○ 크랜베리 1T
○ 설탕 1t
○ 레몬즙 1t

75

1. 분량의 소스 재료를 각각 미리 섞어 준비한다.

2. 루콜라는 깨끗하게 씻어 물기를 제거한다.

3. 아보카도는 0.5cm 두께로 슬라이스한다.

4. 슬라이스한 사워도우 빵은 앞뒤로 살짝 구워서 식힌다.

5. 빵 위에 크랜베리 크림치즈 스프레드 절반을 골고루 발라준다.

6. 그 위에 에멘탈 치즈를 반 접어서 올리고, 프로슈토를 치즈가 덮일 정도로 겹쳐서 올린다.

7. 아보카도 슬라이스와 루콜라를 순서대로 올려준다.

8. 발사믹 허니 소스를 그 위에 뿌린다.

9. 남은 빵 한 면에도 크랜베리 크림치즈 스프레드를 골고루 발라준 후 빵을 덮는다.

（3）

（5）

（6-1）

（6-2）

（7-1）

（7-2）

（8）

（9）

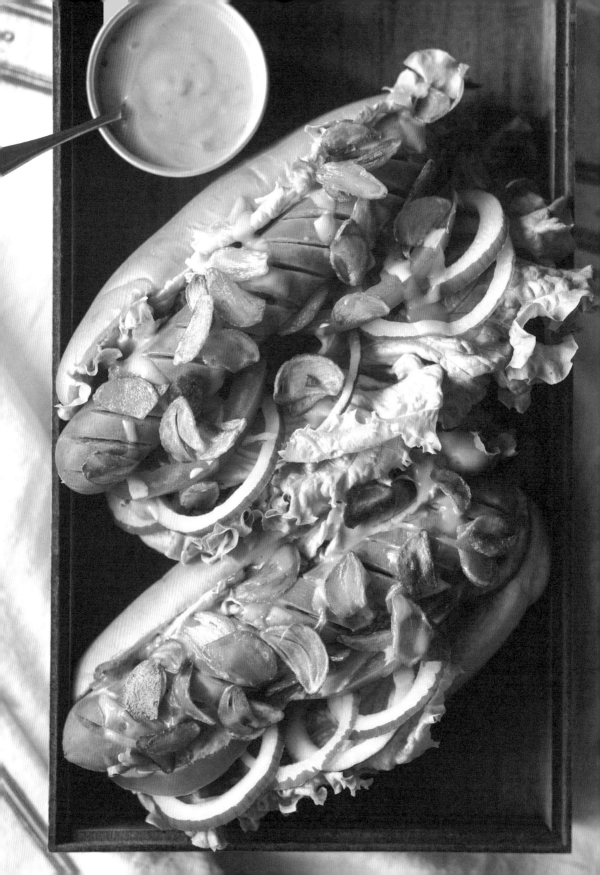

후라이드
갈릭 칠리

Fried Garlic Chilli Hot dogs

핫도그

바삭바삭하게 튀긴 마늘과 칠리소스, 핫도그가 만난 환상적인 조합입니다. 언제 먹어도 든든한 핫도그에 더해진 향긋한 마늘의 맛을 풍부하게 느낄 수 있답니다.

칠리소스

랠리시 마요 스프레드

기본 재료

- ○ 마늘 5알
- ○ 후랑크소시지 1개
- ○ 적양파 슬라이스 5개
- ○ 핫도그 빵 1개
- ○ 카이피라 2장
- ○ 토마토 슬라이스 1개

칠리소스

- ○ 스위트 칠리소스 1T
- ○ 마요네즈 1T
- ○ 토마토 케첩 1t

랠리시 마요 스프레드

- ○ 마요네즈 1T
- ○ 렐리시 1T

1. 분량의 소스 재료를 각각 미리 섞어 준비한다. 이 중 칠리소스는 짤주머니에 담는다.

2. 마늘을 얇게 슬라이스한 다음, 찬물에 10분 정도 담가 알싸한 맛을 제거한다.

3. 마늘 슬라이스의 수분을 완전히 제거한 후 기름을 달군 튀김 팬에 넣고 노릇하게 튀겨준다. 튀긴 마늘은 키친타월 위에 올려 기름을 뺀다.
   TIP 마늘을 튀길 때는 타기 쉬우니 색이 나오기 시작하면 빠르게 건진 후 잔열로 색을 내주세요.

4. 소시지는 칼집을 내어 끓는 물에 한 번 데친다.

5. 적양파는 0.3cm 두께로 얇게 슬라이스한 다음 찬물에 10분 정도 담가 매운맛을 제거하고, 물기를 잘 닦아 준비한다.

6. 핫도그 빵을 위생봉지에 넣어 전자레인지에 약 20초간 조리해 따뜻하게 데운 후 반으로 갈라 랠리시 마요 스프레드를 양쪽 면에 골고루 발라준다.

7. 카이피라를 넓게 올려준 후 그 위에 적양파 슬라이스를 올린다.

8. 반으로 자른 토마토, 데친 소시지를 순서대로 올려준다.
   TIP 포장을 원하는 경우 미리 알맞은 크기의 용기에 담아주면 모양 잡기가 수월해요.

9. 소시지 위에 칠리소스를 뿌리고, 튀긴 마늘을 듬뿍 올려 완성한다.

（3）

（4）

（6）

（7）

（8-1）

（8-2）

（9-1）

（9-2）

로제 치킨 샌드위치

Rose Chicken Sandwich

담백한 닭고기에 부드러운 풍미의 로제 소스를 더해 특별함을 더한 샌드위치예요. 드실 때 살짝 데워서 따뜻하게 먹으면 더욱 맛있답니다.

기본 재료

○ 닭가슴살 1쪽
○ 통후추 5알
○ 월계수잎 2개
○ 토마토 슬라이스 2개
○ 달걀 1개
○ 식빵 2장
○ 에담 치즈 슬라이스 1장
○ 양상추 2장
○ 버터 1T

로제 소스

○ 생크림 50ml
○ 우유 25ml
○ 토마토소스 50ml
○ 설탕 1t
○ 고춧가루 3t
○ 소금 1꼬집
○ 후추 1꼬집

로제 버터 스프레드

○ 로제 소스 2T
○ 버터 1T

로제 소스

(1)

(3)

(5)

(6-1)

1. 냄비에 닭가슴살이 잠길 정도로 물을 넣고 통후추와
   월계수잎을 넣는다.

2. 약 8분간 끓이다가 불을 끄고, 10분간 그대로 두어 남은
   열기로 닭고기를 익힌다.

3. 잘 익은 닭가슴살을 건져 식힌 후 결을 따라 잘게 찢어준다.

4. 토마토는 0.5cm 두께로 슬라이스하고, 달걀은 반숙으로
   프라이한다.

5. 냄비에 로제 소스 재료를 모두 넣고 걸쭉하게 졸인다.

6. 빵에 바를 로제 소스 2T를 제외하고 나머지 소스는 닭가슴살과
   버무려준다.

(6-2)　　　　　　　　　　　　　　　　　　　　(9)

(10)　　　　　　　　　　　　　　　　　　　　(11)

7.　　로제 소스 2T와 부드러운 버터 1T를 섞어 로제 스프레드를
　　　만든다.

8.　　식빵은 살짝 구워 식혀준다.

9.　　식빵 한 면에 로제 스프레드의 절반을 골고루 펼쳐 발라준다

10.　에담 치즈 슬라이스, 로제 치킨, 달걀 프라이, 토마토, 양상추를
　　　순서대로 쌓아준다.

11.　남은 식빵 한 면에도 로제 스프레드를 골고루 발라준 후 빵을
　　　덮는다.

함박 스테이크 햄버거

Hamburg Steak Hamburger

특제 우스터 소스와 직접 만든 부드러운 함박 스테이크가 잘 어우러진 맛있는 햄버거예요. 얼핏 만드는 과정이 복잡해 보이지만 레시피를 따라서 차근차근 만들다 보면 웬만한 수제 버거 맛집 못지 않은 퀄리티와 맛을 느낄 수 있답니다.

함박 우스터 소스

바비큐 마요 스프레드

기본 재료

○ 함박 스테이크
 양파 1/4개
 버터 1T
 소고기 80g
 돼지고기 40g
 달걀 1T
 빵가루 1T
 우스터 소스 1T
 소금 1꼬집
 후추 1꼬집

○ 토마토 슬라이스 2개
○ 피클 슬라이스 3개
○ 양파 슬라이스 3개
○ 햄버거 빵 1개
○ 카이피라 3장
○ 체더치즈 슬라이스 1장

함박 우스터 소스

○ 케첩 1T
○ 우스터 소스 1T
○ 레드와인 1T

바비큐 마요 스프레드

○ 마요네즈 1T
○ 홀그레인 머스터드 2t
○ 바비큐 소스 1.5T

1. 분량의 소스 재료를 각각 미리 섞어 준비한다.

2. 함박 스테이크를 만든다. 분량의 양파를 잘게 다져 버터를 넣고 달군 팬에 노릇하게 볶아준다. 볶은 양파는 차갑게 식힌다.

3. 볼에 양파를 제외한 함박 스테이크 재료를 모두 담는다. 여기에 볶은 양파를 넣고 반죽이 살짝 끈끈해질 정도로 치댄다.

4. 함박 스테이크 반죽을 동글 납작한 모양으로 빚는다.

5. 기름을 두른 팬에 스테이크 반죽을 올리고 앞뒤로 익혀준다.

6. 스테이크가 다 익으면 함박 우스터 소스를 뿌려가며 약불로 윤기 나게 조려준다.

7. 토마토는 0.5cm 두께로, 피클과 양파는 0.3cm로 슬라이스한다. 양파는 찬물에 10분간 담가준 후 물기를 제거해 알싸한 맛을 없애준다.

8. 햄버거 빵을 살짝 굽는다. 빵 위에 바비큐 마요 스프레드 절반을 골고루 바른다.

（3）

（4）

（5）

（6）

（8）

（9-1）

（9-2）

（9-3）

（10-1）

（10-2）

（10-3）

（11）

9. 카이피라, 함박 스테이크, 체더치즈 슬라이스를 순서대로
   올린다.

10. 슬라이스한 피클, 토마토, 양파도 순서대로 쌓아준다.

11. 햄버거 빵 뚜껑에도 바비큐 마요 스프레드를 골고루 바른 후
    덮어준다.

불고기
토르티야

Bulgogi Tortilla Sandwich

샌드위치

담백한 토르티야에 맛있는 불고기와 각종 채소를 넣어 만든 샌드위치예요. 누구나 쉽게 만들 수 있으면서, 한 끼 식사로도 든든하지요. 혹시 샌드위치용으로 준비된 빵이 없다면 이 책의 다른 샌드위치 메뉴들도 토르티야에 돌돌 말아서 응용할 수 있어요.

기본 재료

○ 불고기
　　불고기용 소고기 130g
　　간장 1T
　　설탕 1t
　　참기름 1t
　　다진 마늘 1t
　　후추 1꼬집

○ 양파 1/4개
○ 식용유 1T
○ 파프리카 1/4개
○ 토르티야 1장
○ 양상추 3장

불고기 마요 소스

불고기 마요 소스

○ 마요네즈 2T
○ 불고기 소스 1T
○ 홀그레인 머스터드 1t

1. 불고기 마요 소스 재료를 미리 잘 섞어둔다. 완성된 소스를 짤주머니에 담는다.

2. 볼에 불고기 재료를 모두 넣고 재워둔다.

3. 양파는 슬라이스하고, 파프리카는 길게 채 썰어 준비한다.

4. 팬에 양파와 식용유를 넣어 살짝 볶아준다.

5. 양념한 소고기를 넣어 잘 익혀준다.

6. 토르티야를 프라이팬에 앞뒤로 살짝 구워준다.

7. 토르티야 위에 양상추를 듬뿍 올린 후 불고기 마요 소스를 뿌려준다.

（3）

（4）

（5-1）

（5-2）

（7）

（8-1）

(8-2)

(8-3)

(9-1)

(9-2)

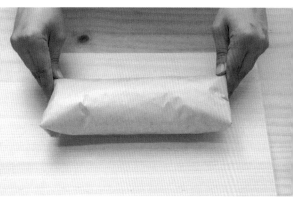

(10)

8. 불고기, 양파, 파프리카를 순서대로 올려준다.

9. 속 재료가 빠지지 않도록 토르티야를 힘 있게 돌돌 말아준다.

10. 잘 말아진 토르티야를 유산지로 한 번 더 감싸준 후, 가운데를
    잘라 서빙한다.

97

새우튀김 샌드위치

Fried Shrimp Sandwich

통통한 새우튀김에 타르타르 소스를 올려 샌드위치를 만들었어요. 자칫 느끼할 수 있는 튀김의 맛을 소스가 상큼하게 잡아준답니다.

기본 재료

- ○ 시판용 새우튀김 3개
- ○ 적양배추 1장 (절임 소스: 식초 2T, 설탕 1T, 소금 2t)
- ○ 피클 슬라이스 3개
- ○ 바게트 15cm
- ○ 카이피라 4장
- ○ 에멘탈 치즈 슬라이스 1장

타르타르 소스

타르타르 소스

- ○ 마요네즈 2T
- ○ 피클 1t
- ○ 케이퍼 1t
- ○ 양파 1 t
- ○ 삶은 달걀 1/3개
- ○ 레몬즙 1t
- ○ 소금 1꼬집
- ○ 후추 1꼬집
- ○ 파슬리 조금

홀그레인 머스터드 마요 스프레드

- ○ 홀그레인 머스터드 1T
- ○ 마요네즈 2T

홀그레인 머스터드 마요 스프레드

1. 분량의 소스 재료를 각각 미리 섞어 준비한다. 타르타르 소스는 짤주머니에 담는다.

2. 시판용 새우튀김을 에어 프라이어나 튀김 팬에 넣고 노릇하게 튀긴다. 완성된 튀김을 식힘망에 올려 기름기를 제거한다.

3. 적양배추는 깨끗하게 씻어 물기를 제거한 다음 가늘게 채 썬다.

4. 채 썬 양배추에 절임 소스를 넣고, 20분 절인 후 물기를 꼭 짜낸다.

5. 피클은 0.3cm로 슬라이스한다.

6. 바게트를 반으로 갈라 양쪽에 홀그레인 머스터드 마요 스프레드를 골고루 바른다.

(2-1)　　　　　　　　　　　　　　　　　　　　(2-2)

(4-1)　　　　　　　　　　　　　　　　　　　　(4-2)

(6)　　　　　　　　　　　　　　　　　　　　(7-1)

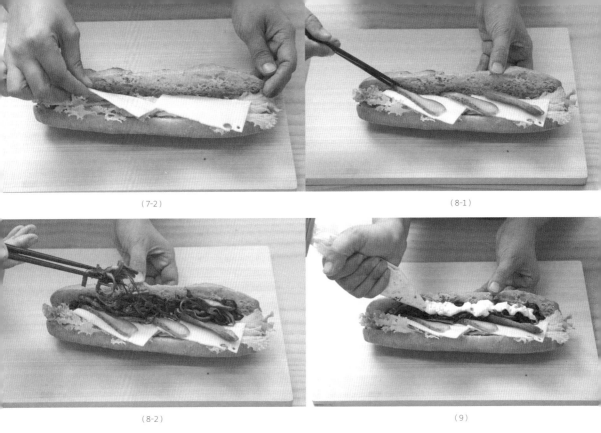

(7-2)

(8-1)

(8-2)

(9)

7. 카이피라, 반으로 자른 에멘탈 치즈 슬라이스를 올린다.

8. 피클 슬라이스, 적양배추 절임을 올린다.

9. 그 위에 타르타르 소스를 듬뿍 짠다.

10. 새우튀김을 올려 완성한다.

어니언 미트 핫도그

Onion Meat Hot dog

토마토가 들어간 수제 미트 소스에 달콤한 구운 양파를 올려 더 풍부한 맛을 느낄 수 있는 핫도그예요. 여기에 치즈를 듬뿍 갈아서 올려 먹으면 더 맛있답니다.

기본 재료

○ 토마토 미트 소스
   다진 양파 30g
   다진 마늘 1t
   다진 소고기 30g
   다진 돼지고기 30g
   토마토소스 70g
   물 50ml
   월계수잎 1개
   소금 1꼬집
   후추 1꼬집

○ 양파 1/2개
○ 버터 1T
○ 후랑크소시지 1개
○ 핫도그 빵 1개
○ 치커리 3줄기
○ 파르미지아노 레지아노 치즈
   적당량

버터 마요 스프레드

버터 마요 스프레드

○ 버터 1T
○ 마요네즈 1T

1. 버터 마요 스프레드 재료를 미리 잘 섞어둔다.

2. 토마토 미트 소스를 만든다. 달군 팬에 식용유를 조금 넣고, 다진 양파와 다진 마늘을 볶아준다.

3. 다진 고기도 넣고 함께 볶은 다음 토마토소스, 물, 월계수잎, 소금, 후추를 넣는다.

4. 소스가 자작하게 졸여질 때까지 끓인다.

5. 양파는 슬라이스한다. 달군 팬에 버터를 넣고 양파를 노릇하게 볶는다.

（2）

（3-1）

（3-2）

（3-3）

（4）

（5-1）

（5-2）

（5-3）

（6）

（7）

（8-1）

（8-2）

（9-1）

（9-2）

（10）

6.   소시지는 칼집을 내어 끓는 물에 한 번 데친다.

7.   핫도그 빵을 위생봉지에 넣어 전자렌지에서 20초간 조리해
     따뜻하게 데운 후 반으로 갈라 버터 마요 스프레드를 양쪽 면에
     골고루 발라준다.

8.   치커리를 올려준 후 그 위에 토마토 미트 소스를 듬뿍 올린다.

9.   소시지와 볶은 양파를 순서대로 올려준다.
     TIP 포장을 원하는 경우 미리 알맞은 크기의 용기에 담아주면 모양
     잡기가 수월해요.

10.   파르미지아노 레지아노 치즈를 듬뿍 갈아서 뿌려 마무리한다.

바비큐 치킨　버거

Barbecue Chicken Burger

부드러운 닭다리살에 매콤 달콤한 바비큐 소스를 넣고 치킨 버거를 만들었어요. 특히 이 버거는 따뜻할 때 먹으면 최고랍니다. 닭다리살이 없다면 닭가슴살로 만들어도 맛있어요.

바비큐 스프레드

치킨 바비큐 소스

기본 재료

- ○ 닭다리살 150g (밑간 양념: 올리브오일 2T, 후추 2꼬집, 청주 1T)
- ○ 햄버거 빵 1개
- ○ 크리스피아노 4장
- ○ 체더치즈 슬라이스 1장
- ○ 양파 슬라이스 약간
- ○ 피클 슬라이스 3개
- ○ 토마토 슬라이스 1개

바비큐 스프레드

- ○ 마요네즈 2T
- ○ 불고기 소스 1T
- ○ 스리라차 소스 1t

치킨 바비큐 소스

- ○ 불고기 소스 3T
- ○ 케첩 2T

1. 분량의 소스 재료를 각각 미리 섞어 준비한다.

2. 닭다리살에 밑간 양념을 넣고 잘 버무린 다음, 냉장고에서 30분간 재운다.

3. 달군 팬에 닭다리살을 넣고 앞뒤로 충분히 익힌다.

4. 닭고기가 어느 정도 익으면 치킨 바비큐 소스를 골고루 발라준다. 소스가 윤기 나게 조려질 때까지 약불로 익힌다.

5. 햄버거 빵을 살짝 굽는다. 빵 위에 바비큐 스프레드 절반을 골고루 바른다.

6. 크리스피아노, 체더치즈, 구운 닭다리살을 순서대로 올린다.

（2）

（3）

（4-1）

（4-2）

（5）

（6-1）

（6-2） （6-3）

（7-1） （7-2）

(8)

7. 슬라이스한 양파, 피클, 토마토를 순서대로 올려준다.

8. 햄버거 빵 뚜껑에도 바비큐 스프레드를 골고루 바른 후
덮어준다.

잠봉 뵈르 샌드위치

Jambong Beurre Sandwich

바삭한 바게트에 부드러운 잠봉 햄, 고소한 버터를 넣어 만든 샌드위치예요. 브런치 메뉴로도 큰 인기를 끈 샌드위치지만 의외로 집에서 쉽고 간단하게 만들 수 있어요. 바게트의 고소한 맛과 짭짤한 잠봉, 향긋한 고메 버터의 풍미가 만난 프랑스의 대표적인 샌드위치지요. 이 샌드위치는 수분이 적어서 빵이 쉽게 눅눅해지지 않아요. 실온 보관도 가능하니 피크닉 메뉴로도 추천합니다.

기본 재료

○ 바게트 15cm 1개
○ 부드러운 버터(실온) 3T
○ 잠봉 햄 100g
○ 후추 2꼬집
○ 차가운 무염 버터 50g

117

1. 바게트를 반으로 가른 후 부드러운 버터를 고르게 펴 발라준다.

2. 잠봉 햄을 겹겹이 듬뿍 쌓아 올린다.

3. 그 위에 후추를 골고루 뿌려준다.

4. 차가운 무염 버터를 0.5cm 두께로 자른 후 잠봉 위에 나란히 올린다.
   TIP 고메 버터를 쓰면 더 맛있어요.

5. 바게트 빵 뚜껑에도 부드러운 버터를 골고루 바른 후 덮어준다.

(1) (2)

(3) (5)

포크 반미   샌드위치

Pork Banh Mi Sandwich

베트남 여행을 가면 맛있는 길거리 음식으로 유명한 반미 샌드위치. 쌀로 만든 부드러운 바게트 빵에 각종 채소와 고기를 넣어 만들면 든든하고 건강한 한 끼가 되어요. 소스에 매콤한 청양고추를 더해서 느끼하지 않고 더 맛있게 즐길 수 있어요.

기본 재료

○ 돼지 불고기
　돼지 등심 90g
　간장 1T
　맛술 1T
　스리라차 소스 1T
　설탕 1t
　다진 마늘 1/2t
　후추 1꼬집

○ 무, 당근 초절임
　무 40g
　당근 20g
　식초 2T
　설탕 1T
　소금 2꼬집

○ 오이 슬라이스 5개
○ 양파 슬라이스 약간
○ 반미 바게트 1개
○ 이자벨 2장
○ 고수 약간

스리라차 청양 마요 소스

버터 마요 스프레드

스리라차 청양 마요 소스

○ 마요네즈 2T
○ 스리라차 소스 1T
○ 올리고당 1t
○ 다진 청양고추 1t

버터 마요 스프레드

○ 버터 1T
○ 마요네즈 1T

1. 분량의 소스 재료를 각각 미리 섞어준비한다. 스리라차 청양 마요 소스는 짤주머니에 담는다.

2. 볼에 돼지 등심과 분량의 양념을 섞고, 30분간 재워준다.

3. 무와 당근을 채 썬 다음, 볼에 초절임 재료를 모두 담고 15분간 절인다. 절여진 채소는 손으로 꼭 짜서 물기를 제거한다.

4. 오이와 양파는 0.3cm 두께로 슬라이스한다. 양파는 찬물에 잠시 담가 매운맛을 제거한다.

5. 미리 재워둔 돼지 등심을 뜨거운 프라이팬에서 수분이 없어질 때까지 촉촉하게 굽는다.

   TIP 처음에는 센 불에서 익히다가 마지막에 은근한 불로 익혀야 고기가 타지 않아요.

6. 반미 바게트 빵을 반으로 가른 후 위아래에 버터 마요 스프레드를 골고루 바른다.

（2）　　　　　　　　　　　　　　　　　　（3）

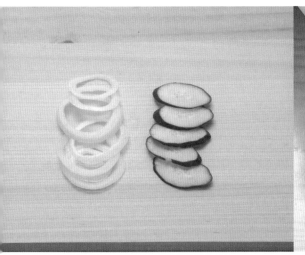

（4）　　　　　　　　　　　　　　　　　　（5-1）

（5-2）　　　　　　　　　　　　　　　　　（6）

（7）　　　　　　　　　　　　　　　　　（8-1）

（8-2）　　　　　　　　　　　　　　　　（9）

（10-1）　　　　　　　　　　　　　　　（10-2）

(11)

7. 이자벨을 가늘게 찢어 빵 양옆으로 듬뿍 올린다.

8. 오이와 양파를 순서대로 일렬로 넣는다.

9. 무 당근 초절임을 가운데에 듬뿍 올린다.

10. 구운 돼지 등심을 올리고, 스리라차 청양 마요 소스를 골고루
    뿌려준다.

11. 취향에 따라 고수를 올리고, 빵을 덮어 마무리한다.

쉬림프 반미 샌드위치

Shrimp Banh Mi Sandwich

탱글탱글한 새우를 넣어 반미를 만들었어요. 매콤 달콤한 스리라차 소스와 새우, 채소가 잘 어우러져 누구나 좋아할 맛의 샌드위치입니다.

스위트 스리라차 소스

크림치즈 마요 스프레드

기본 재료

○ 무, 당근 초절임
   무 40g
   당근 20g
   식초 2T
   설탕 1T
   소금 2꼬집

○ 칵테일 새우 5마리
○ 후추 약간
○ 올리브오일 약간
○ 토마토 슬라이스 2개
○ 소금 약간
○ 오이 슬라이스 6개
○ 반미 바게트 1개
○ 로메인 2장
○ 고수 약간

스위트 스리라차 소스

○ 스리라차 소스 1T
○ 스위트 칠리소스 1T
○ 마요네즈 1T

크림치즈 마요 스프레드

○ 크림치즈 2T
○ 마요네즈 2t
○ 레몬즙 1t

1. 분량의 소스 재료를 각각 미리 섞어 준비한다.

2. 냉동 칵테일 새우를 냉장에서 해동한 다음 세척 후 후추와 올리브오일을
   살짝 뿌려 10분간 둔다.

3. 달군 팬에 새우를 굽고, 충분히 식힌다.

4. 무와 당근을 채 썬 다음, 볼에 모든 재료를 담고 15분간 절인다. 절여진
   채소는 손으로 꼭 짜서 물기를 제거한다.

5. 토마토는 0.5cm 두께로 슬라이스하여 반으로 자르고, 소금과 후추를 살짝
   뿌린 후 수분을 제거한다. 오이는 0.3cm 두께로 슬라이스한다.

6. 반미 바게트 빵을 반으로 가른 후 빵 안쪽 위아래에 크림치즈 마요
   스프레드를 골고루 바른다.

7. 로메인, 오이, 토마토를 순서대로 올린다.

（2）

（3）

（4）

（5）

（6）

（7-1）

(7-2) (8)

(9-1) (9-2)

8. 무 당근 초절임을 가운데에 듬뿍 올린다.

9. 스위트 스리라차 소스를 뿌리고, 구운 새우를 올려준다.

10. 취향에 따라 고수를 올리고, 빵을 덮어 마무리한다.

（10）

CHAPTER 3

Cold
Sandwiches

Cold
Sandwiches

Cold
Sandwiches

Cold
Sandwiches

Cold
Sandwiches

Cold
Sandwiches

Cold
Sandwiches

Cold
Sandwiches

Cold
Sandwiches

Cold
Sandwiches

Cold
Sandwiches

Cold
Sandwiches

Cold
Sandwiches

Cold
Sandwiches

Cold
Sandwiches

Cold
Sandwiches

오이 샌드위치

Cucumber Sandwich

시원하고 아삭한 오이와 부드러운 크림치즈의 조합이 좋은 샌드위치입니다. 재료는 무척 단순하지만 아삭아삭한 식감으로 입맛을 돋워주는 메뉴예요. 티 푸드로도 잘 어울린답니다.

기본 재료

○ 오이 1/2개
○ 소금 2꼬집
○ 사워도우 슬라이스 1장
○ 에멘탈 치즈 슬라이스 1장
○ 후추 2꼬집
○ 딜 약간(옵션)

크림치즈 스프레드

크림치즈 스프레드

○ 크림치즈 2T
○ 마요네즈 1T
○ 레몬즙 1t
○ 다진 양파 1T
○ 파슬리 2꼬집

1. 크림치즈 스프레드 재료를 미리 잘 섞어둔다.

2. 오이는 필러로 얇게 슬라이스한다.

3. 슬라이스한 오이에 소금을 골고루 뿌리고 5분간 둔 후 키친타월로 물기를 제거한다.

4. 사워도우는 1cm 두께로 썰어준 후 살짝 구워 식힌다.

5. 사워도우 위에 스프레드를 골고루 펼쳐 발라준다.

6. 에멘탈 치즈 슬라이스를 삼각형으로 접어 올린다.

7. 오이를 듬뿍 쌓고, 후추를 뿌린다.

8. 취향에 따라 딜을 올려준다.

（2）

（3）

（5）

（6）

（7）

（8）

베이글

+ 크림치즈 스프레드 3종

베이글에 여러 가지 맛의 크림치즈를 곁들이면 맛있고 색다른 브런치를 즐길 수 있어요. 크림치즈에 다양한 재료를 넣고 섞기만 하면 되니 만들기도 쉽답니다.

선드라이 토마토 크림치즈

쪽파 크림치즈

레몬 크림치즈

기본 재료

○ 베이글 3개

선드라이 토마토 크림치즈

○ 크림치즈 100g
○ 설탕 2t
○ 선드라이 토마토 30g
○ 바질 2g
○ 레몬즙 1t

레몬 크림치즈

○ 크림치즈 100g
○ 설탕 2t
○ 레몬 제스트 7g
○ 레몬즙 5g

쪽파 크림치즈

○ 크림치즈 100g
○ 설탕 2t
○ 쪽파 15g
○ 양파 8g
○ 소금 1꼬집
○ 후추 1꼬집

선드라이 토마토 크림치즈

1.   크림치즈에 설탕을 넣고 주걱으로 부드럽게 풀어준다.

2.   선드라이 토마토와 바질은 잘게 다진다.

3.   크림치즈에 다진 선드라이 토마토, 바질, 레몬즙을 넣고 잘 섞어준다.

4.   살짝 구워서 식힌 베이글에 크림치즈를 듬뿍 발라준다.

(3-1)   (3-2)

(4)

쪽파 크림치즈

1. 크림치즈에 설탕을 넣고 주걱으로 부드럽게 풀어준다.

2. 쪽파와 양파를 잘게 다진다.

3. 크림치즈에 다진 쪽파, 양파, 소금과 후추를 넣고 잘 섞어준다.

4. 살짝 구워서 식힌 베이글에 크림치즈를 듬뿍 발라준다.

　　　　　　（1）　　　　　　　　　　　　　　　　　　　　　（3）

레몬 크림치즈

1. 크림치즈에 설탕을 넣고 주걱으로 부드럽게 풀어준다.

2. 레몬은 베이킹 소다로 문질러 씻은 후 끓는 물에 10초간 데친다.

3. 레몬을 다시 흐르는 물에 깨끗하게 씻는다. 그라인더로 레몬 제스트를 갈고, 즙을 짠다.

   TIP 레몬 제스트를 만들 때는 노란 껍질 부분만 갈아서 써야 쓴맛 없이 상큼한 레몬 맛을 즐길 수 있어요.

4. 크림치즈에 레몬 제스트, 레몬즙을 넣고 잘 섞어준다.

5. 살짝 구워서 식힌 베이글에 크림치즈를 듬뿍 발라준다.

　　　　　　（1）　　　　　　　　　　　　　　　　　　　　　（4）

게살 샌드위치

Crab Sandwich

쫄깃한 게살과 아삭하고 달콤한 양상추가 어우러져 시원하게 즐기는 샌드위치예요. 자칫 비릴 수 있는 게살의 맛을 와사비 스프레드가 잡아줘서 더 맛있게 드실 수 있답니다.

기본 재료

○ 적양파 1/6개
○ 토마토 슬라이스 2개
○ 소금 1꼬집
○ 후추 1꼬집
○ 잡곡 식빵 2장
○ 게살 100g
○ 이자벨 4장
○ 체더치즈 슬라이스 1장

와사비 마요 스프레드

와사비 마요 스프레드

○ 마요네즈 3T
○ 와사비 2t
○ 올리고당 1t

1. 와사비 마요 스프레드 재료를 미리 잘 섞어둔다.

2. 적양파는 최대한 얇게 슬라이스한 다음 찬물에 10분간 담가 매운맛을 뺀다. 적양파를 건져 키친타월로 물기를 제거한다.

3. 토마토는 0.5cm 두께로 썰고, 소금과 후추를 1꼬집씩 뿌려준 다음 수분을 제거한다.

4. 식빵은 살짝 구워 식혀준다.

5. 와사비 마요 스프레드 절반을 빵 한 면에 발라준다.

6. 게살은 잘게 찢어준 후 남은 와사비 마요를 넣고 버무려준다.

7. 빵 위에 이자벨을 듬뿍 올린다.

8. 게살을 손으로 둥글게 빚어 한가운데에 올린다.

9. 슬라이스한 적양파, 체더치즈, 토마토 순으로 쌓아준다.

10. 남은 식빵 한 면에도 와사비 마요를 발라준 후 빵을 덮는다.

（２）

（５）

（６）

（７）

（８）

（9-1）

（9-2）

（10）

달걀　샌드위치

Egg Sandwich

느끼하지 않고 깔끔한 마요 소스를 넣어 버무린 부드러운 달 걀 샐러드를 듬뿍 넣은 샌드위치입니다. 기본적인 재료지만 달걀과 빵만으로도 충분히 맛있게 만들 수 있어요.

기본 재료

○ 삶은 달걀 3개
○ 삶은 노른자 2개
○ 소금 1t
○ 식초 1T
○ 식빵 2장

마요 소스

○ 마요네즈 3T
○ 설탕 3t
○ 소금 2꼬집

마요 소스

1. 실온에 미리 꺼내둔 달걀을 냄비에 넣은 다음 분량의 소금과 식초를 넣고 약 12분간 삶아준다. 삶은 달걀은 바로 찬물에 담가 온기를 뺀다.

2. 달걀의 껍질을 벗기고 흰자와 노른자를 분리한다.

3. 흰자는 칼로 최대한 잘게 다지고 노른자는 체에 내린다.

4. 볼에 다진 달걀을 담고, 마요 소스를 넣어 골고루 버무려준다.

5. 식빵 1장 위에 달걀을 듬뿍 얹는다.

6. 바깥쪽까지 꼼꼼하게 달걀을 올린 후 남은 식빵을 덮는다.

7. 샌드위치를 랩으로 감싸 30분간 냉장고에 둔다. 차가운 샌드위치를 반으로 잘라 서빙한다.

   TIP 샌드위치를 냉장고에 두었다가 썰어야 모양이 흐트러지지 않아요.

（3）

（4-1）

（4-2）

（5）

（6）

（7）

당근 라페 샌드위치

Carrot Râpées Sandwich

달콤한 생당근을 새콤한 오일 드레싱에 버무리면 아삭아삭한 당근 라페를 만들 수 있어요. 당근의 새콤달콤한 맛만으로도 특별한 샌드위치가 완성되지요. 샌드위치에 들어간 당근 라페는 샌드위치 속 재료로 유용할 뿐 아니라 다양한 메뉴에 샐러드처럼 곁들여 먹어도 무척 맛있답니다.

올리브오일 레몬 소스

크림치즈 스프레드

기본 재료

○ 당근 라페
  | 당근 90g
  | 소금 1t

○ 사과 1/4개
○ 물 2T
○ 시나몬파우더 2꼬집
○ 달걀 1개
○ 호밀 식빵 2장
○ 로메인 3장
○ 고다 치즈 슬라이스 1장

올리브오일 레몬 소스

○ 올리브오일 1.5T
○ 레몬즙 1T
○ 홀그레인 머스터드 2t
○ 갈색 설탕 2t
○ 후추 1꼬집

크림치즈 스프레드

○ 크림치즈 2T
○ 레몬즙 1t
○ 올리브오일 1t

(2)

(3-1)

(3-2)

(4)

1. 분량의 소스 재료를 각각 미리 섞어 준비한다.

2. 당근 라페를 만든다. 당근은 곱게 채 썬 후 소금을 넣고
   버무린다. 그대로 약 10분간 절인 후 물기를 제거한다.

3. 절인 당근에 올리브오일 레몬 소스를 넣고 버무린 후
   냉장실에서 약 4시간 정도 숙성한다.

4. 사과는 0.3cm 두께로 슬라이스한 다음 분량의 물과
   시나몬파우더를 뿌려 전자레인지에서 30초 가열한다.

5. 달걀은 기름을 두른 팬에 프라이해준다.

6. 호밀 식빵은 살짝 구워 식혀준다.

7. 식빵 한 면에 크림치즈 스프레드의 절반을 골고루 펼쳐
   발라준다.

(8-1)

(8-2)

(9)

(10)

8. 로메인, 고다 치즈 슬라이스를 순서대로 올린다.

9. 달걀 프라이를 올리고, 당근 라페를 듬뿍 얹는다. 그 위에 4의
    슬라이스한 사과를 쌓아준다.

10. 남은 호밀 식빵 한 면에도 스프레드를 골고루 발라준 후 빵을
    덮는다.

감자 샐러드 샌드위치

Potato Salad Sandwich

그냥 먹어도 맛있는 감자 샐러드를 부드러운 모닝빵에 듬뿍 넣어 샌드위치를 만들었어요. 감자 샐러드만 단독으로 먹어도 맛있답니다. 식빵과 모닝빵 어느 쪽이든 잘 어울리니 취향에 따라 만들어보세요.

기본 재료

- 감자 300g
- 버터(실온) 1T
- 오이 1/4개
- 당근 1/5개
- 달걀(실온) 1개
- 소금 적당량
- 후추 1꼬집
- 모닝빵 3개
- 딸기잼 6T

허니 머스터드 마요

허니 머스터드 마요

- 마요네즈 3T
- 허니 머스터드 1T
- 올리고당 1T

1. 허니 머스터드 마요 재료를 미리 잘 섞어둔다.

2. 감자는 찜기에 넣고 약 30분간 쪄준 후 뜨거울 때 버터를 넣고 으깬다.

3. 오이와 당근은 잘게 다지고, 소금을 뿌려 약 5분간 절인 후 물기를 짠다.

4. 달걀은 냄비에 넣고 12분간 삶은 후 흰자와 노른자를 분리한다. 흰자는 칼로 잘게 다지고 노른자는 체에 내린다.

5. 볼에 감자, 오이, 당근, 달걀, 소금과 후추를 넣는다. 허니 머스터드 마요와 잘 버무려 감자 샐러드를 완성한다.

6. 반으로 가른 모닝빵 위아래에 딸기잼을 골고루 바른다.

7. 스쿠퍼로 감자 샐러드를 퍼서 가득 올린다.

8. 빵의 윗면을 덮어 마무리한다.

（2-1）

（2-2）

（3）

（5-1）

（5-2）

（6）

（7）

（8）

카프레제 샌드위치

Caprese Sandwich

상큼한 방울토마토와 보코치니 치즈를 수제 바질 페스토에 버무려 샌드위치에 담았습니다. 향긋한 바질의 풍미와 한입에 쏙 들어가는 쫄깃한 보코치니 치즈, 방울토마토의 조합이 무척 잘 어울려요.

기본 재료

○ 올리브오일 1T
○ 방울토마토 4개
○ 소금 1꼬집
○ 후추 1꼬집
○ 보코치니 치즈 4개
○ 바게트 1/2개
○ 와일드 루콜라 한 줌
○ 발사믹 식초 1T
○ 장식용 생바질 잎 약간

바질 페스토 스프레드

바질 페스토 스프레드

○ 마늘 5g
○ 잣 15g
○ 생바질 잎 30g
○ 올리브오일 40g
○ 파르메산 치즈 20g
○ 소금 1/2t
○ 후추 1꼬집

1. 바질 페스토 스프레드를 만든다. 마늘은 얇게 슬라이스한 다음 찬물에 10분간 담갔다가 물기를 제거한다. 잣은 프라이팬에 노릇하게 볶은 후 충분히 식힌다. 모든 재료를 블랜더에 넣고 갈아서 페스토를 완성한다.

2. 올리브오일을 두른 팬에 방울토마토를 넣고, 소금과 후추 1꼬집을 뿌려 살짝 볶는다. 볶은 방울토마토는 충분히 식힌다.

3. 식힌 방울토마토와 보코치니 치즈에 바질 페스토 스프레드 1T를 넣고 골고루 버무린다.

4. 바게트 빵을 반으로 갈라 바질 페스토 스프레드 2T를 고르게 발라준다.

5. 빵 위에 루콜라를 넓게 펼쳐서 올린다.

6. 방울토마토와 보코치니 치즈를 번갈아 가며 올려준다.

7. 그 위에 발사믹 식초 1T를 뿌려준 후, 바게트 빵을 덮는다.

8. 사이사이에 생바질 잎을 올려 장식한다.

（2）

（3-1）

（3-2）

（4）

（5）

（6）

（7）

（8）

아보카도 쉬림프

샌드위치

담백하고 부드러운 아보카도와 탱글탱글한 새우가 만나 신선한 샐러드를 먹는 듯한 느낌으로 만든 샌드위치예요. 카레 마요 소스가 감칠맛의 포인트가 되어주어 더 맛있게 즐길 수 있어요.

기본 재료

- ○ 아보카도 1/2개
- ○ 냉동 칵테일 새우 6마리
- ○ 올리브오일 1T
- ○ 후추 1꼬집
- ○ 크러시드 페퍼 2꼬집
- ○ 치아바타 1개
- ○ 와일드 루콜라 한 줌

카레 마요 소스

홀그레인 머스터드 마요

카레 마요 소스

- ○ 마요네즈 3T
- ○ 허니 머스터드 1T
- ○ 카레가루 1t
- ○ 레몬즙 1t
- ○ 소금 1꼬집
- ○ 후추 1꼬집

홀그레인 머스터드 마요

- ○ 마요네즈 2T
- ○ 홀그레인 머스터드 1T

1. 분량의 소스 재료를 각각 미리 섞어 준비한다. 이 중 카레 마요 소스는
   짤주머니에 담는다.

2. 아보카도는 0.5cm 두께로 슬라이스한다.

3. 칵테일 새우는 해동하여 키친타월로 물기를 제거한 다음 올리브오일, 후추를
   넣고 버무린다.

4. 달군 팬에 새우를 올리고 1분간 앞뒤로 굽는다.

5. 크러시드 페퍼를 넣고 다시 2분간 더 볶아준다.

6. 치아바타를 반으로 가른 후 홀그레인 머스터드 마요 절반을 골고루 바른다.

（2）

（3）

（4）

（5）

（6）

（7-1）

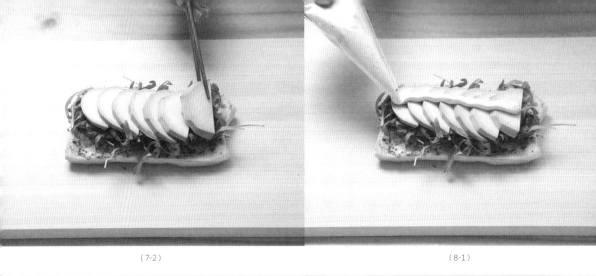

（7-2）

（8-1）

（8-2）

（9）

7. 루콜라 절반을 치아바타에 넓게 올린 다음 아보카도를
   올려준다.

8. 카레 마요 소스를 뿌리고, 볶은 새우를 올린다.

9. 남은 절반의 루콜라를 고르게 올려준다.

10. 남은 치아바타에 홀그레인 머스터드 마요를 골고루 발라준 후
    빵을 덮는다.

（10）

연어 크림치즈 샌드위치

Salmon Cream Cheese Sandwich

마치 브런치 카페에서 먹는 듯한 느낌의 분위기를 낼 수 있는 고급스러운 샌드위치예요. 입안에서 살살 녹는 연어와 영양 부추를 넣은 크림치즈가 무척 잘 어울린답니다.

기본 재료

- 아보카도 1/2개
- 적양파 약간
- 베이글 1개
- 베이비 채소 한 줌
- 훈제연어 60g
- 딜 약간(옵션)

영양 부추 크림치즈

영양 부추 크림치즈

- 크림치즈 40g
- 다진 영양 부추 1T
- 다진 마늘 1t
- 다진 케이퍼 1t
- 소금 1꼬집
- 후추 1꼬집

1. 영양 부추 크림치즈 재료를 미리 잘 섞어둔다.

2. 아보카도는 얇게 슬라이스한다. 적양파는 슬라이스한 다음 찬물에 10분간 담가 매운맛을 빼고, 물기를 닦는다.

3. 베이글은 반으로 잘라 살짝 구워 식힌 다음 한 면에 영양 부추 크림치즈 절반을 골고루 펼쳐 발라준다.

4. 베이비 채소와 적양파 슬라이스를 순서대로 올린다.

5. 훈제 연어를 듬뿍 올리고, 딜을 올린다.

6. 아보카도를 올린 다음 후추를 뿌린다.

7. 남은 베이글 한 면에도 영양 부추 크림치즈를 바른 다음 덮어준다.

（2）

（3）

（4）

（5-1）

（5-2）

（6-1）

（6-2）

（7）

과일 생크림 샌드위치

Fruit Whipped Cream Sandwich

부드러운 생크림에 상큼한 과일을 넣어 마치 생크림 케이크를 먹는 듯한 느낌의 샌드위치예요. 커피나 차와 함께하면 디저트로도 즐길 수 있으니 제철 과일로 맛있게 만들어보세요.

기본 재료

○ 생크림(냉장) 200g
○ 설탕 20g
○ 딸기 9개
○ 미니 귤 6개
○ 청포도 9개
○ 식빵 6장

(1-1)　　　　　　　　　　　　　　　　　　(1-2)

(4)　　　　　　　　　　　　　　　　　　　(5)

1. 차가운 생크림을 볼에 담고 설탕을 넣는다. 거품기로 부드러운
   상태의 크림으로 휘핑한다.
   TIP 크림의 뿔이 서도록 휘핑해주세요.

2. 딸기는 깨끗하게 씻은 다음 꼭지를 제거하고 키친타월로
   물기를 닦아준다.

3. 미니 귤은 껍질을 까주고, 청포도도 깨끗하게 씻어 물기를 닦아
   준비한다.

4. 식빵의 가장자리를 모두 잘라준다.

5. 식빵 위에 생크림을 0.5cm 두께로 바른다.

6. 그 위에 과일을 고르게 얹어준다.

(6-1)

(6-2)

(6-3)

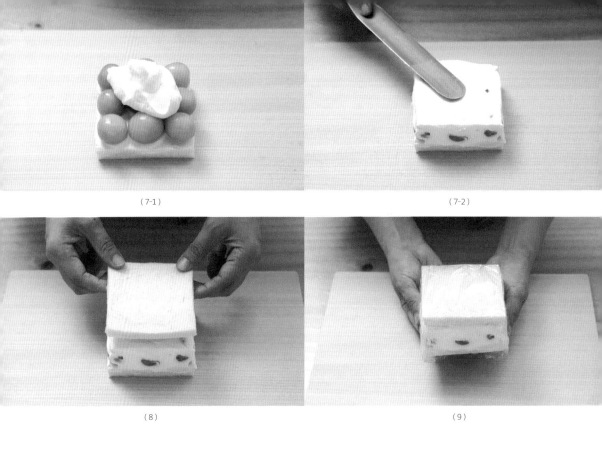

(7-1)

(7-2)

(8)

(9)

7. 다시 생크림을 올린 후 과일 사이사이를 꼼꼼하게 채운다.

8. 식빵을 덮어준다.

9. 샌드위치를 랩으로 싼 후 냉장고에서 30분 이상 굳힌다.

10. 완성된 샌드위치의 가운데 부분을 빵칼로 잘라 서빙한다.

    TIP 샌드위치의 가운데를 깔끔하게 자르면 과일의 단면이 예쁘게
    보인답니다.

(10-1) (10-2)

디플로마트 크림

Diplomart Cream Fruit Sandwich

과일 샌드위치

크루아상에 부드러운 디플로마트 크림을 올리고, 다양한 과일을 얹은 달콤한 디저트 샌드위치입니다. 디플로마트 크림은 커스터드 크림과 생크림을 섞은 것으로, 어떤 과일과도 잘 어울리니 좋아하는 과일을 넣어 다양하게 응용해보세요.

기본 재료

○ 디플로마트 크림
  바닐라빈 1/6개
  우유 120g
  노른자 1개
  설탕 20g
  전분 5g
  생크림 80g

○ 크루아상 3개
○ 딸기 3개
○ 샤인머스켓 4알
○ 블루베리 적당량
○ 슈거파우더 약간

1. 바닐라빈을 반으로 가른 후 칼등으로 밀어서 씨를 발라준다.

2. 긁어낸 바닐라 씨와 껍질, 우유를 냄비에 넣고 냄비 가장자리에 우유가 끓어 오르기 시작할 때 불을 끈다.

3. 볼에 노른자와 설탕을 넣고 거품기로 고르게 섞는다.

4. 노른자와 설탕이 잘 섞이면, 전분을 넣고 다시 섞어준다.

5. 2에서 데운 따뜻한 우유를 볼에 조금씩 넣어가며 재료를 풀어준다.

（1）

（2-1）

（2-2）

（3）

（4-1）

（4-2）

（5-1）

（5-2）

(6-1)

(6-2)

(7)

(8-1)

(8-2) (9)

(10) (11)

6. 5의 액체를 다시 냄비에 넣고, 약불로 걸쭉한 상태가 될 때까지 끓인다.

7. 완성된 커스터드 크림을 체에 내린다. 볼에 담긴 커스터드 크림 표면에 랩을 밀착해 붙인 다음 냉장고에서 차갑게 식힌다.

8. 거품기로 단단하게 휘핑한 생크림에 차가워진 커스터드 크림을 넣고 잘 섞어준다. 완성된 디플로마트 크림을 짤주머니에 담는다.

9. 크루아상을 반으로 가른 후 가운데에 디플로마트 크림을 듬뿍 짠다.

10. 물기를 제거한 과일들을 취향에 따라 올려준다.

11. 슈거파우더를 뿌려 마무리한다.

CHAPTER 4

Grilled
ndwiches

Grilled
Sandwiches

Grilled
Sandwiches

Grilled
Sandwiches

Grilled
Sandwiches

Grilled
Sandwiches

Grilled
Sandwiches

Grilled
Sandwiche

Grilled
Sandwiches

Grilled
Sandwiches

Grilled
Sandwiches

Grilled
Sandwiches

Grilled
Sandwich

Grilled
Sandwiches

Grilled
Sandwiches

Grilled
Sandwiches

Grilled
Sandwiches

Grilled
Sandwiches

Grilled
Sandwiches

Grilled
Sandwiche

Grilled
Sandwiches

Grilled
Sandwiches

Grilled
Sandwiches

Grilled
Sandwiches

Grille
Sandwic

Grilled
Sandwiches

Grilled
Sandwiches

Grilled
Sandwiches

Grilled
Sandwiches

Grill
Sandwi

s

Grilled
Sandwiches

Grilled
Sandwiches

스파이시
머쉬룸

파니니

버섯에 매콤한 소스를 넣어 만든 파니니로 통밀빵으로 만들어 담백하고 바삭한 식감을 느낄 수 있어요. 영양 가득한 홈브런치 메뉴로 든든한 식사 대용으로도 즐길 수 있답니다.

기본 재료

○ 버섯 볶음

　　양송이버섯 90g
　　양파 1/4개
　　올리브오일 2T
　　다진 마늘 1t
　　소금 1꼬집
　　후추 1꼬집
　　크러시드 페퍼 3t
　　토마토소스 2T

○ 통밀빵 슬라이스 2개
○ 시금치 한 줌
○ 모차렐라 치즈 70g
○ 올리브오일 조금

버터 갈릭 스프레드

○ 버터 2T
○ 다진 마늘 1T
○ 꿀 1T

버터 갈릭 스프레드

1. 버터 갈릭 스프레드 재료를 미리 잘 섞어둔다.

2. 양송이버섯과 양파는 0.5cm 두께로 슬라이스한다.

3. 달군 팬에 올리브오일을 두르고 다진 마늘을 넣고 볶는다.

4. 마늘 향이 나면 양송이버섯, 양파, 소금, 후추, 크러시드 페퍼를 넣어 볶아준다.

5. 버섯의 숨이 죽으면 토마토소스를 넣고 자작하게 조린다.

6. 통밀빵 슬라이스 한 면에 버터 갈릭 스프레드 절반을 골고루 바른다.

7. 시금치를 넓게 펼쳐 올리고, 그 위에 버섯 볶음을 듬뿍 얹는다.

8. 모차렐라 치즈를 듬뿍 올린다. 남은 통밀빵 한 면에도 스프레드를 골고루 발라준 후 빵을 덮는다.

9. 빵 윗면에 올리브오일을 살짝 발라준다. 치즈가 녹을 때까지 그릴에서 굽는다.

   TIP 빵 윗면에 올리브오일을 바르고 구우면 더 바삭해져요.

（2）

（3）

（4）

（5）

（6）

（7）

（8）

（9）

고구마　파니니

Sweet Potato Panini

주변에서 흔히 구할 수 있는 고구마로 색다른 파니니를 만들어 보세요. 파니니 안에 아삭한 시나몬 사과를 넣어 달콤하면서도 다양한 식감과 향을 느낄 수 있어요.

기본 재료

○ 고구마 무스
　고구마 100g
　버터 1T
　생크림 1T
　파슬리 가루 조금
　소금 1꼬집

○ 사과 콩포트
　사과 1/2개
　버터 1t
　설탕 1t
　물 1t
　시나몬파우더 2꼬집

○ 먹물 치아바타 1개
○ 부드러운 버터 1T
○ 건조 크랜베리 1T
○ 아몬드 슬라이스 1T
○ 피자 치즈 70g

199

(1)　　　　　　　　　　　　　　(2)

(3)　　　　　　　　　　　　　　(4)

1. 고구마를 찜기에 넣고 찐다. 고구마가 뜨거울 때 버터, 생크림,
   파슬리 가루, 소금을 넣고 으깨서 무스를 만든다.

   TIP 고구마 무스가 손으로 빚어질 정도로 되직하게 만들어주세요.
   이 파니니에는 묽은 호박고구마보다는 되직한 밤고구마가 더 잘
   어울려요.

2. 사과 콩포트를 만들기 위해 사과를 가로세로 0.5cm 큐브로
   자른다. 프라이팬에 사과, 버터, 설탕, 물, 시나몬파우더를 넣고
   수분이 없어질 때까지 볶는다.

3. 치아바타를 반으로 가른 후 각 안쪽 면에 부드러운 버터를
   골고루 발라준다.

4. 그 위에 사과 콩포트를 고르게 올린다.

(5)

(6)

(7-1)

(7-2)

5. 고구마 무스를 사각으로 빚어 얹는다.

6. 건조 크랜베리와 아몬드 슬라이스를 뿌린다.

7. 마지막으로 피자 치즈를 듬뿍 올린다. 남은 치아바타를
    덮어준다.

8. 치즈가 녹을 때까지 그릴에서 굽는다.

고르곤졸라 파니니

Gorgonzola Panini

짭조름하고 톡 쏘는 고르곤졸라 치즈에 달콤한 꿀과 사과를 넣어 만든 샌드위치예요. 고급스러운 고르곤졸라 치즈의 향과 맛을 고소한 토핑과 함께 부담스럽지 않게 즐길 수 있어요.

기본 재료

○ 사과 1/4개
○ 호두 2알
○ 아몬드 슬라이스 2T
○ 호밀빵 슬라이스 2개
○ 모차렐라 치즈 70g
○ 고르곤졸라 치즈 40g
○ 건조 크랜베리 1T
○ 꿀 2T

허니 갈릭 스프레드

허니 갈릭 스프레드

○ 꿀 2T
○ 다진 마늘 1T

1. 허니 갈릭 스프레드 재료를 미리 잘 섞어둔다.

2. 사과는 0.5cm 두께로 슬라이스한다.

3. 기름을 두르지 않은 프라이팬에 호두는 5분, 아몬드 슬라이스는 2분 정도 볶아 식혀둔다.

4. 호밀빵의 한 면에 허니 갈릭 스프레드의 절반을 골고루 바른다.

5. 슬라이스한 사과를 올리고 모차렐라 치즈도 듬뿍 올린다.

6. 군데군데 작게 자른 고르곤졸라 치즈를 올려준다.

7. 건조 크랜베리, 아몬드 슬라이스 1T를 뿌려준다.

8. 나머지 호밀빵 한 면에도 허니 갈릭 스프레드를 바르고 덮어준다.

9. 그릴에 올리고 치즈가 녹을 때까지 굽는다.

10. 완성된 파니니를 먹기 좋은 사이즈로 자른 후 꿀과 호두, 아몬드 슬라이스 1T를 뿌려 마무리한다.

（2）

（4）

（5）

（6）

（7）

（8）

블루베리 파니니

Blueberry Panini

블루베리에 새콤한 발사믹 식초를 넣어 콩포트를 만들고, 여기에 치즈를 듬뿍 넣어 완성한 너무나 맛있는 파니니예요. 제가 운영했던 카페의 인기 메뉴이기도 했던 이 파니니는 그 어디에서도 맛볼 수 없는 특별한 브런치 메뉴랍니다.

기본 재료

○ 블루베리 콩포트
  - 냉동 블루베리 200g
  - 발사믹 식초 20g
  - 갈색 설탕 1T

○ 시금치 한 줌
○ 치아바타 1개
○ 모차렐라 치즈 80g
○ 꿀 조금
○ 아몬드 슬라이스 조금

버터 마요 스프레드

○ 부드러운 버터 1T
○ 마요네즈 1T

버터 마요 스프레드

1. 버터 마요 스프레드 재료를 미리 잘 섞어둔다.

2. 블루베리 콩포트를 만든다. 냄비에 냉동 블루베리, 발사믹 식초, 갈색 설탕을 넣고 자작해질 때까지 졸인다.

3. 시금치는 씻어서 키친타월로 물기를 제거한다.

4. 치아바타는 반으로 잘라 한 면에 버터 마요 스프레드 절반을 골고루 발라준다.

5. 빵 위에 시금치를 넓게 펼치고, 그 위에 블루베리 콩포트를 골고루 올린다.

6. 모차렐라 치즈를 올린다. 나머지 치아바타 한 면에도 버터 마요 스프레드를 바른 다음 덮어준다.

7. 그릴에서 치즈가 녹을 때까지 굽는다.

8. 완성된 파니니는 절반으로 자른 후 꿀을 뿌리고 아몬드 슬라이스를 올려 서빙한다.

（2-1）　　　　　　　　　　　　　　　　　　　　（2-2）

（4）　　　　　　　　　　　　　　　　　　　　　（5）

（6-1）　　　　　　　　　　　　　　　　　　　　（6-2）

닭가슴살 파니니

Chicken breast Panini

담백한 닭가슴살에 향긋한 바질 페스토를 더하고, 치즈와 함께 먹는 따뜻한 샌드위치예요. 든든한 브런치나 식사 메뉴로도 추천합니다.

기본 재료

- 닭가슴살 1쪽
- 통후추 5알
- 월계수잎 2개
- 적양파 1/8개
- 토마토 슬라이스 2개
- 소금 1꼬집
- 후추 1꼬집
- 치아바타 1개
- 루콜라 한 줌
- 피클 슬라이스 4개
- 모차렐라 치즈 60g

바질 페스토 스프레드

바질 페스토 스프레드

- 마늘 5g
- 잣 15g
- 생바질 잎 30g
- 올리브오일 40g
- 파르미지아노 레지아노 치즈 20g
- 소금 1/2t
- 후추 1꼬집

홀그레인 머스터드 마요

홀그레인 머스터드 마요

- 마요네즈 3T
- 홀그레인 머스터드 1T
- 후추 1꼬집

1. 홀그레인 머스터드 마요 재료를 미리 잘 섞어둔다.

2. 바질 페스토 스프레드를 만든다. 마늘은 얇게 슬라이스한 다음 찬물에 10분간 담갔다가 물기를 제거한다. 잣은 프라이팬에 노릇하게 볶은 후 충분히 식힌다. 모든 재료를 블랜더에 넣고 갈아서 페스토를 완성한다.

3. 냄비에 닭가슴살이 잠길 정도로 물을 넣고 통후추와 월계수잎을 넣는다.

4. 약 8분간 끓이다가 불을 끄고, 10분간 그대로 두어 남은 열기로 닭고기를 익힌다.

5. 익힌 닭가슴살을 0.5cm 두께로 슬라이스한 다음, 바질 페스토 1T를 넣고 버무린다.

6. 적양파는 최대한 얇게 슬라이스한 후 찬물에 5분간 담가 매운맛을 제거한다.

7. 토마토는 0.5cm, 피클은 0.3cm 두께로 썰어준다. 토마토에 소금과 후추를 1꼬집씩 뿌려준 후 잠시 두었다가 물기를 제거한다.

8. 치아바타를 반으로 가른 후 한 면에 홀그레인 머스터드 마요 절반을 고르게 펴바른다.

9. 루콜라를 넓게 올린 다음 닭가슴살을 골고루 올린다.

（3）

（5-1）

（5-2）

（8）

（9-1）

（9-2）

(10-1)

(10-2)

(10-3)

(11-1)

10. 슬라이스한 적양파, 피클, 토마토를 순서대로 올린다.

11. 모차렐라 치즈를 듬뿍 올린다. 남은 치아바타 한 면에 홀그레인 머스터드 마요를 바르고 덮는다.

12. 그릴에서 치즈가 녹을 때까지 굽는다.

트리플 치즈　파니니

Triple Cheese Panini

세 가지 종류의 치즈와 볶은 양파가 들어간 그릴 샌드위치예요. 고소하고 풍부한 치즈의 맛에 부드러운 양파의 풍미, 매콤한 소스가 무척 잘 어울리는 메뉴랍니다.

기본 재료

○ 양파 1개
○ 올리브오일 2T
○ 에멘탈 치즈 2장
○ 브리 치즈 30g
○ 치아바타 1개
○ 모차렐라 치즈 60g

토마토 핫소스 스프레드

토마토 핫소스 스프레드

○ 토마토 페이스트 1T
○ 스리라차 소스 1T
○ 올리고당 1t
○ 다진 마늘 1t

1. 토마토 핫소스 스프레드 재료를 미리 잘 섞어둔다.

2. 양파를 가늘게 슬라이스한다. 올리브오일을 두른 팬에 넣고 갈색이 나도록 볶아준다.

3. 에멘탈 치즈와 브리 치즈도 슬라이스하여 준비한다.

4. 치아바타를 반으로 가르고, 토마토 핫소스 스프레드 절반을 골고루 발라준다.

5. 볶은 양파를 고르게 올린다.

6. 에멘탈 치즈, 브리 치즈, 모차렐라 치즈 순서로 올려준다.

7. 남은 치아바타도 한 면에 토마토 핫소스 스프레드를 바른 다음 덮어준다.

8. 그릴에서 치즈가 녹을 때까지 굽는다.

（2-1）

（2-2）

（3）

（4）

（5）

（6-1）

（6-2）

（6-3）

CHAPTER 5

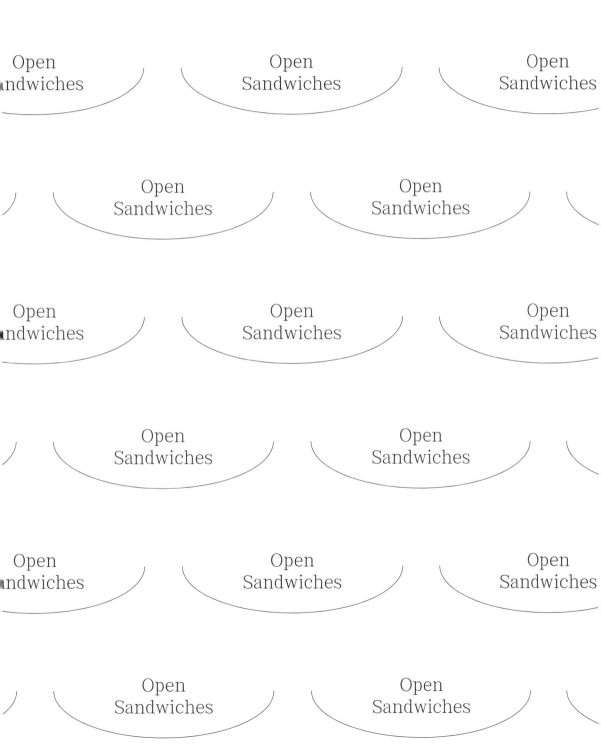

Open
Sandwiches

Open
Sandwiches

Open
Sandwiches

Open
Sandwiches

Open
Sandwich

Open
Sandwiches

Open
Sandwiches

Open
Sandwiches

Open
Sandwiches

Open
Sandwich

Open
Sandwiches

Open
Sandwiches

Open
Sandwiches

Open
Sandwiches

Open
Sandwiches

Open
Sandwich

Open
Sandwiches

Open
Sandwiches

청포도
리코타 치즈

샌드위치

Green Grape Ricotta Cheese Sandwich

직접 만들어 우유 향 가득한 리코타 치즈와 알알이 과즙이 터지는 청포도가 만났어요. 부드러우면서도 산뜻한 느낌을 주는 오픈 샌드위치입니다. 이 메뉴는 빵 없이 샐러드로 응용해도 맛있답니다.

기본 재료

- ○ 리코타 치즈
  - 우유 500ml
  - 생크림 250ml
  - 소금 3g
  - 레몬즙 50g

- ○ 청포도 5알
- ○ 래디시(생략 가능) 1/2개
- ○ 어린잎 채소 한 줌
- ○ 호밀빵 슬라이스 2장
- ○ 올리브오일 2T
- ○ 건조 크랜베리 2T

레몬 오일 드레싱

레몬 오일 드레싱

- ○ 레몬 1T
- ○ 올리브오일 1T
- ○ 화이트와인 식초 3t
- ○ 소금 1꼬집
- ○ 후추 1꼬집

1. 레몬 오일 드레싱 재료를 미리 잘 섞어둔다.

2. 리코타 치즈를 만든다. 냄비에 분량의 우유와 생크림, 소금을 넣고 중불로 끓인다.

3. 냄비 가장자리가 끓어오르기 시작하면 레몬즙을 넣고 두세 번 저어준다.

4. 불을 끄고 그대로 30분간 둔다.

5. 몽글몽글 치즈가 뭉쳐지기 시작하면 면보에 붓고 무거운 그릇을 올려 냉장고에서 하루 동안 둔다.

6. 청포도는 반으로 자르고, 래디시는 슬라이스한다. 볼에 청포도, 래디시, 어린잎 채소를 담고 레몬 오일 드레싱을 뿌려 살살 버무려준다.

（2）

（3）

（5-1）

（5-2）

（6-1）

（6-2）

7.   호밀빵 슬라이스에 올리브오일을 바르고 구운 다음 식힌다.

8.   호밀빵 위에 청포도 샐러드를 올린다.

9.   리코타 치즈를 군데군데 기호에 맞게 올려준다.

10.   건조 크랜베리를 뿌려 마무리한다.

(7)   (8)

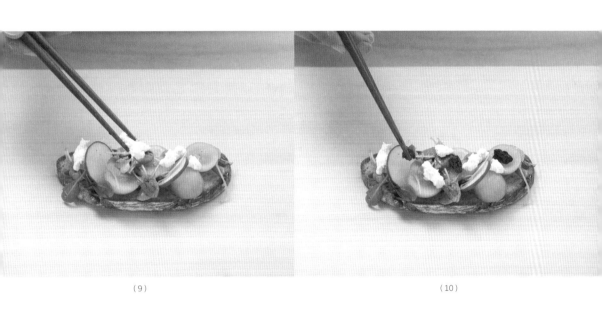

(9)　　　　　　　　　　　　　　　　　(10)

자몽
토마토

Grapefruit Tomato Open Sandwich

오픈 샌드위치

상큼한 자몽에 방울토마토를 곁들인 맛도 좋고 모양도 예쁜 오픈 샌드위치예요. 제가 카페를 처음 운영하던 시절부터 최근까지 꾸준히 사랑 받았던 메뉴입니다. 이 샌드위치는 특히 한입 간식이나 에피타이저로 즐기기 좋아요.

레몬 올리브오일 소스

레몬 크림치즈 스프레드

기본 재료

- ○ 방울토마토 6개
- ○ 자몽 1/2개
- ○ 생바질 잎 3개
- ○ 다진 양파 1T
- ○ 바게트 슬라이스 3개
- ○ 장식용 생바질 잎 약간

레몬 올리브오일 소스

- ○ 올리브오일 2T
- ○ 레몬즙 1T
- ○ 설탕 1t
- ○ 소금 1꼬집
- ○ 후추 1꼬집

레몬 크림치즈 스프레드

- ○ 크림치즈 2T
- ○ 레몬즙 2t

1. 분량의 소스 재료를 각각 미리 섞어 준비한다.

2. 방울토마토는 윗면에 십자 모양으로 칼집을 낸 후 끓는 물에 20초간 데친다.

3. 데친 토마토는 바로 찬물에 넣어 식히고 껍질을 제거한다.

4. 자몽은 과육만 발라내고, 방울토마토와 비슷한 크기로 자른다. 생바질 잎은 잘게 다진다.

5. 볼에 껍질 벗긴 방울토마토, 자몽, 다진 양파, 생바질 잎, 레몬 올리브오일 소스를 넣고 버무린다.

6. 바게트는 노릇하게 구운 다음 식힌다. 바게트 한 면에 레몬 크림치즈 스프레드를 골고루 바른다.

7. 그 위에 5의 방울토마토 자몽 샐러드를 얹고, 여분의 생바질 잎으로 장식한다.

（2-1）

（2-2）

（3）

（4）

（5-1）

（5-2）

（6）

（7）

훈제 연어 수란

Smoked Salmon Poached Egg Sandwich

샌드위치

이 오픈 샌드위치는 와인과 잘 어울려서 특히 홈 파티 음식으로 손색없는 메뉴입니다. 에피타이저로 간편히 먹기를 원한다면 수란을 제외하고 빵에 스프레드, 연어만 올려도 맛있답니다.

기본 재료

○ 훈제 연어 45g
○ 레몬즙 1T
○ 후추 2꼬집
○ 적양파 약간
○ 달걀 1개
○ 물 600ml
○ 식초 1T
○ 호밀빵 슬라이스 1개
○ 이자벨 2장
○ 케이퍼 1t
○ 장식용 딜 약간(옵션)

홀스래디시 크림치즈

홀스래디시 크림치즈

○ 크림치즈 2T
○ 홀스래디시 1T
○ 마요네즈 1T

(2)

(5)

(6)

(7-1)

1.　홀스래디시 크림치즈 재료를 미리 잘 섞어둔다.

2.　훈제 연어에 레몬즙과 후추를 뿌려둔다.

3.　적양파는 가늘게 슬라이스하고, 찬물에 5분간 담가 매운맛을
　　제거한다.

4.　수란을 만든다. 물 600ml와 식초 1T를 냄비에 넣고 팔팔
　　끓인다.

5.　물이 끓기 시작하면 중불로 줄이고 숟가락으로 물을 한쪽
　　방향으로 천천히 저어준다. 물에 회오리가 생기면 달걀을
　　흘려넣고, 4분간 익힌다.

6.　호밀빵은 1.5cm 두께로 슬라이스한 후 살짝 구워 식힌다. 빵
　　위에 홀스래디시 크림치즈를 고르게 발라준다.

(7-2)　　　　　　　　　　　　　　　　　　　　　　(8-1)

(8-2)　　　　　　　　　　　　　　　　　　　　　　(9)

7.　　이자벨과 적양파를 순서대로 올린다.

8.　　훈제 연어를 듬뿍 올리고, 그 위에 수란을 조심스레 얹는다.

9.　　케이퍼와 딜을 올려 마무리한다.

239

하몽 멜론 오픈 샌드위치

Jamon Melon Open Sandwich

달콤한 멜론에 짭짤한 하몽을 올려 만든 오픈 샌드위치예요. 와인과 잘 어울려서 파티 때 핑거푸드로 서빙하기에도 좋답니다.

기본 재료

○ 사워도우 슬라이스 3조각
○ 올리브오일 2T
○ 루콜라 한 줌
○ 멜론 1/6개
○ 하몽 3조각
○ 그라노파다노 치즈 조금

발사믹 오일 소스

발사믹 오일 소스

○ 올리브오일 2T
○ 발사믹 식초 1T
○ 소금 1꼬집
○ 후추 1꼬집
○ 레몬즙 2t

1. 발사믹 오일 소스 재료를 미리 잘 섞어둔다. 완성된 소스를 짤주머니에 담는다.

2. 슬라이스한 사워도우를 앞뒤로 노릇하게 구운 후 올리브오일을 바른다.

3. 멜론은 먹기 좋은 크기로 길게 잘라 준비한다.

4. 빵에 루콜라를 고르게 펼쳐 올린다.

5. 멜론과 하몽을 순서대로 올린다.

6. 그라노파다노 치즈를 갈아서 얹고, 마무리로 발사믹 오일 소스를 뿌려준다.

（2）

（3）

（4）

（5）

（6-1）

（6-2）

그릭 요거트 과일   샌드위치

Greek Yogurt Fruit Sandwich

홈메이드 그릭 요거트에 각종 제철 과일과 빵을 함께 먹는 오픈 샌드위치예요. 그릭 요거트는 꾸덕꾸덕한 질감으로 고소하고 진한 맛을 느낄 수 있어 새콤달콤한 과일 토핑과 무척 잘 어울린답니다.

기본 재료

○ 그릭 요거트
  우유 1000ml
  유산균 음료 150ml

○ 딸기 3개
○ 키위 1개
○ 청포도 3알
○ 캄파뉴 슬라이스 4장
○ 블루베리 약간
○ 장식용 허브 약간

(3)　　　　　　　　　　　　　　　　　　　(4)

(5)　　　　　　　　　　　　　　　　　　　(6-1)

1.　그릭 요거트를 만든다. 볼에 분량의 우유와 유산균 음료를 넣고
　　잘 저어 섞어준다.

2.　1의 액체를 전자렌지에 넣어 2분, 1분, 2분으로 끊어서 총
　　5분을 가열한 후 그대로 8시간 둔다.

3.　면보에 요거트를 붓고 무거운 그릇을 올려 실온에서 3시간
　　정도 둔 후 냉장고에서 반나절 보관한다.

4.　딸기와 키위, 청포도는 0.5cm 두께로 슬라이스한다. 원하는
　　과일이 있다면 비슷한 크기로 함께 준비한다.

5.　캄파뉴 슬라이스는 살짝 구워 식힌 다음 그릭 요거트를 고루 펴
　　바른다.

6.　빵 위에 좋아하는 과일을 취향에 맞게 올린다.

구운 파프리카 타르틴

Roasted Paprika Tartin

구운 파프리카를 마리네이드한 다음 빵 위에 얹어 먹는 오픈 샌드위치예요. 파프리카는 구우면 더욱 부드럽고 달콤해진답니다. 마리네이드를 미리 만들어 냉장고에 보관해두면 언제든 빠르게 샌드위치를 완성할 수 있어요.

발사믹 글레이즈

사워크림 치즈 스프레드

기본 재료

○ 파프리카 마리네이드
  빨강 파프리카 1개
  노랑 파프리카 1개
  올리브오일 3T
  다진 양파 2T
  후추 1꼬집
  소금 1꼬집

○ 사워도우 슬라이스 2장
○ 장식용 딜 약간(옵션)

발사믹 글레이즈

○ 발사믹 식초 50ml
○ 올리고당 1.5T

사워크림 치즈 스프레드

○ 크림치즈 2T
○ 사워크림 1T
○ 꿀 1t

1. 발사믹 글레이즈를 만든다. 냄비에 발사믹 식초와 올리고당을 넣고, 약불에서 소스가 절반이 되도록 졸인다.

2. 사워크림 치즈 스프레드 재료는 미리 잘 섞어둔다.

3. 파프리카는 깨끗하게 씻어 물기를 제거하고, 직화로 겉면이 새카맣게 타도록 굽는다.

4. 구운 파프리카를 볼에 담고, 랩을 씌워 식을 때까지 둔다.

5. 파프리카 껍질을 손으로 문질러 제거한다.

6. 껍질을 벗긴 파프리카를 반으로 갈라 씨와 꼭지를 떼어낸 후 먹기 좋은 사이즈로 자른다.

7. 볼에 파프리카, 올리브오일, 다진 양파, 후추, 소금을 넣고 버무린 후 냉장고에 넣어 차갑게 절인다.

8. 사워도우는 1.5 cm 두께로 자른 후 노릇하게 구워 식힌다. 사워도우 위에 사워크림 치즈 스프레드를 고르게 펴바른다.

9. 파프리카 마리네이드를 올린다. 발사믹 글레이즈를 뿌려 마무리한다.

10. 기호에 따라 딜을 추가한다.

（3）

（4）

（5）

（7）

（8）

（9-1）

（9-2）

（10）

아보카도 햄 크로플 샌드위치

크루아상에 햄과 치즈를 넣고 그릴에 바삭하게 눌러 색다른 느낌의 샌드위치 베이스를 만들었어요. 잘 익은 아보카도로 만든 부드러운 과카몰리를 더하면 카페 브런치 메뉴로도 손색 없답니다.

기본 재료

- ○ 과카몰리
  - 아보카도 1개
  - 다진 선드라이 토마토 1T
  - 레몬즙 1T
  - 올리브오일 1T
  - 다진 적양파 2T
  - 소금 2꼬집
  - 다진 마늘 1t

- ○ 크루아상 1개
- ○ 고다 치즈 슬라이스 1장
- ○ 슬라이스 햄 2장
- ○ 장식용 허브 약간(옵션)

발사믹 소스

발사믹 소스

- ○ 발사믹 식초 1T
- ○ 올리브오일 1T
- ○ 후추 1꼬집
- ○ 소금 1꼬집

1. 발사믹 소스 재료는 미리 잘 섞어둔다. 완성된 소스는 짤주머니에 담는다.

2. 과카몰리를 만든다. 아보카도는 껍질과 씨를 제거한 후 으깨준다.

3. 볼에 으깬 아보카도와 모든 재료를 넣고 잘 섞는다.

4. 크루아상은 반으로 가르고, 가운데에 고다 치즈 슬라이스와 햄을 넣는다.

5. 그릴 팬이나 프라이팬에서 눌러주며 앞뒤로 바삭하게 잘 굽는다.

6. 구운 크루아상에 과카몰리를 듬뿍 퍼서 올린다.

7. 발사믹 소스를 뿌리고, 취향에 따라 허브를 얹는다.

（2）

（3）

（4-1）

（4-2）

（5）

（6）

（7-1）

（7-2）

CHAPTER 6

Salad

Salad

Salad

Salad

Salad

Salad

Salad

Salad

Salad

Salad

Salad

Salad

Salad

Salad

Salad

Salad

Salad

콥

Cobb Salad

샐러드

샌드위치를 만들고 남은 재료들을 활용한 콥샐러드예요. 이 샐러드는 어떤 재료를 넣든 잘 어우러져서, 평소에 좋아하는 과일이나 채소를 다양하게 추가해도 좋아요.

기본 재료

- 달걀(실온) 2개
- 양상추 2장
- 로메인 4장
- 방울토마토 10알
- 호두 30g
- 블랙 올리브 7알
- 닭가슴살 1쪽
- 통후추 5알
- 월계수잎 1개
- 옥수수콘 50g

랜치 소스 드레싱

- 플레인 요거트 2T
- 마요네즈 1T
- 꿀 1T
- 생크림 1T
- 레몬즙 1T
- 다진 양파 3t
- 파슬리 가루 2꼬집
- 후추 1꼬집

랜치 소스 드레싱

1. 랜치 소스 드레싱 재료를 미리 잘 섞어둔다.

2. 실온에 꺼내 둔 달걀을 냄비에 넣고, 소금 1t를 넣어 약 12분간 삶는다. 삶은 달걀을 바로 찬물에 넣고, 식으면 껍질을 벗겨 0.7cm 두께로 슬라이스한다.

3. 양상추과 로메인은 먹기 좋게 자르고, 방울토마토는 반으로 자른다.

4. 호두는 기름을 두르지 않은 팬에서 약 5분간 볶은 후 식혀둔다.

5. 블랙 올리브는 0.5cm 두께로 슬라이스한다.

6. 닭가슴살은 통후추와 월계수잎을 넣고 삶은 다음 1.5cm 큐브로 썰어 준비한다.

7. 그릇에 먼저 채소를 고르게 깔아준다.

8. 준비한 재료들을 먹기 좋게 일렬로 담는다.

9. 랜치 드레싱을 곁들여 서빙한다.

（6）

（7）

（8-1）

（8-2）

（8-3）

（8-4）

토마토 카이막 샐러드

Tomato Kaymak Salad

원유의 지방층을 굳혀 만든 카이막 치즈는 꿀과 빵을 곁들여 먹는 게 일반적인 방법이지만 이번에는 색다른 느낌의 샐러드를 만들어봤어요. 진하고 크리미한 카이막에 샐러드 채소와 토마토, 상큼한 레몬 드레싱을 추가하면 어디서도 느낄 수 없는 천상의 맛을 맛볼 수 있지요.

기본 재료

○ 토마토 1개
○ 샐러드 채소 3줌
○ 카이막 40g
○ 꿀 3T

레몬 드레싱

레몬 드레싱

○ 레몬즙 1T
○ 화이트와인 비네거 1T
○ 꿀 1T
○ 소금 1꼬집
○ 후추 1꼬집

(2)

(4)

(5)

(6)

1. 레몬 드레싱 재료를 미리 잘 섞어둔다.

2. 토마토를 먹기 좋은 크기로 자른다.

3. 샐러드 채소도 먹기 좋게 뜯어서 준비한다.

4. 접시에 토마토를 올리고, 샐러드 채소도 취향에 맞게 곁들인다.

5. 토마토 위에 카이막을 숟가락으로 퍼서 올린다.

6. 카이막 위에 꿀을 뿌리고, 샐러드 채소에 레몬 드레싱을 뿌려 마무리한다.

   TIP 취향에 따라 다양하게 플레이팅해보세요. 좋아하는 빵에 샐러드를 곁들여 먹어도 좋아요.

스테이크 샐러드

든든한 스테이크를 채소와 함께 곁들여 푸짐하게 한 끼 식사로 먹을 수 있는 샐러드예요. 단백질과 건강에 좋은 채소들이 어우러져 맛있고 영양도 풍부하답니다.

기본 재료

○ 소고기 부채살 150g
○ 올리브오일 1T
○ 소금 2꼬집
○ 후추 2꼬집
○ 방울토마토 6개
○ 적양파 1/4개
○ 양송이버섯 2개
○ 아보카도 1/2개
○ 샐러드 채소 2줌

스테이크 드레싱

스테이크 드레싱

○ 스테이크 소스 6T
○ 올리고당 2t
○ 레몬즙 2T
○ 다진 마늘 2t
○ 홀그레인 머스터드 2t
○ 소금 1꼬집
○ 후추 1꼬집

1. 스테이크 드레싱을 만든다. 냄비에 모든 재료를 넣고 중불에서 약 30초간 졸여 완성한다.

2. 소고기는 키친타월로 닦아 핏물을 제거한다. 올리브오일과 소금, 후추를 뿌려 약 30분간 재운다.

3. 방울토마토는 1/4등분하고 적양파는 슬라이스한 다음 찬물에 5분간 담가 매운맛을 제거한다.

4. 양송이버섯은 1/4등분으로 자르고, 아보카도는 껍질을 벗겨 0.5cm 두께로 슬라이스한다.

5. 달군 팬에 소고기를 올리고 앞뒤로 노릇하게 익힌다. 그대로 실온에서 10분 정도 레스팅한다.

6. 한 김 식은 소고기를 먹기 좋은 크기로 썰어준다.

（2）

（3, 4）

（5-1）

（5-2）

（6）

(7)

(8)

(9)

7. 고기를 구운 팬에 양송이 버섯을 넣고, 살짝 노릇하게 익힌다.

8. 그릇에 좋아하는 샐러드 채소와 구운 양송이버섯, 방울토마토, 아보카도 등을 담는다.

9. 가운데에 스테이크를 올리고, 양파를 올린 다음 드레싱을 곁들여 마무리한다.

구운 채소　샐러드

Grilled Vegetable Salad

채소를 구우면 단맛이 많아지고 아삭한 풍미도 느낄 수 있어요. 여기에 고소한 참깨 드레싱을 더하면 채소를 즐기지 않는 아이들도 좋아할 만한 영양 만점 샐러드랍니다.

기본 재료

○ 가지 1/2개
○ 주키니호박 1/4개
○ 방울토마토 5알
○ 파프리카 1/2개
○ 적양파 1/4개
○ 올리브오일 4T
○ 소금 3꼬집
○ 후추 3꼬집
○ 치커리 한 줌
○ 비타민 한 줌

참깨 드레싱

참깨 드레싱

○ 볶은 참깨 2T
○ 마요네즈 3T
○ 진간장 3t
○ 레몬즙 3t
○ 꿀 1T

（2~3）

（4）

（5）

(6)

1. 참깨 드레싱 재료를 미리 잘 섞어둔다.

2. 가지와 주키니호박은 반으로 자른 다음 0.5cm 두께로 썬다.

3. 방울토마토는 반으로 자르고, 파프리카와 적양파도 먹기 좋은
   사이즈로 썬다.

4. 모든 채소를 볼에 담고 올리브오일, 소금, 후추를 넣어
   버무린다.

5. 달군 팬에 채소를 올려 노릇하게 구워준다.

6. 접시에 먹기 좋게 자른 치커리와 비타민을 담고, 구운 채소와
   참깨 드레싱을 곁들인다.

요거트 계절 과일 샐러드

Yogurt Seasonal Fruit Salad

샌드위치나 각종 식사 메뉴와 곁들이기 좋은 상큼한 샐러드예요. 좋아하는 계절 과일을 다양하게 활용하여 간단하게 완성해보세요!

허니 발사믹 드레싱

기본 재료

○ 허니 요거트

    플레인 요거트 200g
    꿀 2T
    레몬즙 2T

○ 딸기 5개
○ 키위 1개
○ 청포도 2알
○ 바나나 1/2개
○ 블루베리 10알
○ 장식용 허브 약간

허니 발사믹 드레싱

○ 발사믹 식초 1.5T
○ 꿀 1.5T

1. 허니 발사믹 드레싱 재료를 미리 잘 섞어둔다. 완성된 드레싱을 짤주머니에 담는다.

2. 허니 요거트를 만든다. 분량의 재료를 볼에 넣고 잘 섞어준다.

3. 딸기는 1/4등분하고 키위는 1cm로 깍둑썰기한다. 청포도는 반으로 자르고, 바나나는 0.5cm 두께로 슬라이스한다.

4. 오목한 그릇에 허니 요거트를 담고, 과일을 취향에 맞게 올린다.

5. 허니 발사믹 드레싱을 뿌리고, 허브를 올려 마무리한다.

   TIP 큰 그릇에 담아 푸짐하게 먹어도 좋고, 1인용 유리그릇에 담으면 예쁜 파티 푸드로 손색없답니다.

（2）

（3）

（4-1）

（4-2）

（5-1）

（5-2）

차가운 파스타 샐러드

Cold Pasta Salad

샐러드와 파스타의 장점만을 모아서 만든 파스타 샐러드예요. 감칠맛 있는 오리엔탈 드레싱이 입맛을 돋워준답니다. 넉넉히 만들어 여럿이 나눠 먹을 수 있는 홈 파티 음식으로도 좋고, 미리 만들어두었다가 간단하고 든든한 한 끼로 먹을 수 있어요.

기본 재료

○ 쇼트 파스타(푸실리) 100g
○ 올리브오일 1t (파스타 끓일 때 사용)
○ 소금 1t
○ 올리브오일 1T
○ 방울토마토 5개
○ 블랙 올리브 5개
○ 샐러드 채소 2줌
○ 파르미지아노 레지아노 치즈 약간

오리엔탈 드레싱

○ 간장 2T
○ 설탕 2t
○ 레몬즙 2t
○ 올리브오일 2T
○ 다진 양파 2t
○ 후추 2꼬집

오리엔탈 드레싱

1. 오리엔탈 드레싱 재료를 미리 잘 섞어준다.

2. 냄비에 물을 넉넉히 넣고 끓인다. 끓기 시작하면 올리브오일 1t와 소금을 넣고, 파스타를 넣는다.

3. 파스타를 9분간 삶은 후 체에 내려 물기를 제거한다.

4. 삶은 파스타에 올리브오일 1T를 넣고 버무린 후 식힌다.

5. 방울토마토는 반으로 자르고 블랙 올리브도 0.5cm 두께로 썬다. 샐러드 채소도 먹기 좋게 자른다.

6. 완전히 식은 파스타에 오리엔탈 소스 절반을 넣고 잘 버무려준다.

7. 그릇에 파스타와 모든 재료를 담는다.

8. 파르미지아노 레지아노 치즈를 취향껏 갈아서 뿌린다. 남은 오리엔탈 드레싱을 곁들여 서빙한다.

(4)

(5)

(6-1)

(6-2)

(7)

(8)

CHAPTER 7

Drinks Drinks Drinks

Drinks Drinks

Drinks Drinks Drinks

Drinks Drinks

Drinks Drinks Drinks

Drinks Drinks

Drinks

Drinks

Drinks

Drinks

Drinks

Drinks

Drinks

Drinks

Drinks

Drinks

Drinks

Drinks

Drinks

Drinks

Drinks

Drinks

Drinks

리얼 딸기   우유

Real Strawberry Milk

상큼한 딸기를 통째로 넣은 진짜 딸기 우유예요. 신선한 딸기가 톡톡 씹히는 맛이 일품이라 카페에서 큰 인기를 끌었던 메뉴이지요. 딸기철이 아니어도 냉동 딸기로 미리 콩포트를 만들어 두면 언제든 딸기 우유를 맛있게 즐길 수 있어요.

기본 재료

○ 냉동 딸기 콩포트

　냉동 딸기 200g
　설탕 60g
　레몬즙 5g

○ 생딸기 콩포트

　생딸기 220g
　갈색 설탕 50g
　생크림 50g
　우유 220g

냉동 딸기 우유 만들기

1.　냉동 딸기를 가로세로 0.5cm 사각형으로 썬다.

2.　냄비에 분량의 설탕과 딸기를 넣고 중불에서 끓인다.

3.　가장자리가 끓기 시작하면 약 2분간 더 끓인 다음, 레몬즙을 넣어 섞어준 후 불을 끈다.

4.　콩포트를 차갑게 식힌 후 차가운 우유를 넣어 섞어 완성한다.
　　(500㎖ 보틀 기준으로 딸기 콩포트 200g, 우유 300㎖ 배합)

생딸기 우유 만들기

1.　생딸기를 가로세로 0.5cm 사각형으로 썬다.

2.　볼에 딸기와 갈색 설탕을 넣고 섞어준 후 냉장고에서 반나절 숙성한다.

3.　생딸기 콩포트에 차가운 생크림과 우유를 넣고 섞어 완성한다.

리얼 초코 　우유

Real Chocolate Milk

다크초콜릿을 녹여서 만든 진한 초코 우유예요. 초콜릿의 달콤 쌉싸름한 맛을 그대로 느낄 수 있답니다. 사용하는 초콜릿의 카카오 함량에 따라 다양한 맛을 낼 수 있는데, 맛있는 초코 우유를 만들려면 카카오 함량이 50~70% 사이인 초콜릿을 추천합니다.

기본 재료

- ○ 생크림 50g
- ○ 다크 커버춰 초콜릿
  (카카오 함량 50~70%) 65g
- ○ 카카오파우더 15g
- ○ 설탕 15g
- ○ 따뜻한 우유 50g
- ○ 차가운 우유 320g

1. 생크림을 따뜻하게 데운다.

2. 볼에 다크 커버춰 초콜릿을 담고 따뜻한 생크림을 부어 잘
   녹여준다.

3. 초콜릿이 완전히 녹으면 카카오파우더와 설탕을 넣고 주걱으로
   고르게 섞는다.

4. 따뜻한 우유를 조금씩 넣어가며 재료들이 뭉치지 않게 잘
   풀어준다.
   TIP 전체적으로 윤기가 나도록 잘 섞어주세요.

5. 차가운 우유를 3번에 걸쳐 나누어 넣는다. 잘 섞어 마무리한다.

(2)　　　　　　　　　　　　　(3)

(4)　　　　　　　　　　　　　(5)

토마토 바질　에이드

Tomato Basil Ade

향긋한 바질과 비타민이 가득한 방울토마토를 이용해 만든 청량감 가득한 에이드예요. 무더운 여름철에 마시면 갈증도 해소되고 입안 가득 싱그러움을 느낄 수 있답니다.

기본 재료

○ 토마토 바질청
　　방울토마토 500g
　　레몬 1/2개
　　바질 30g
　　설탕 450g

○ 토마토 바질청 100g
○ 탄산수 210ml
○ 얼음

1. 토마토 바질청을 만든다. 방울토마토는 윗면에 십자 모양으로 칼집을 낸 후 끓는 물에 20초간 데친다.

2. 데친 토마토는 바로 찬물에 넣어 식히고 껍질을 제거한다.

3. 레몬은 베이킹 소다로 문질러 씻고, 뜨거운 물에 약 10초간 데친다. 세척한 레몬은 얇게 슬라이스한다.

4. 볼에 모든 재료를 담고 잘 섞어준다.

5. 열탕 소독한 유리병에 잘 섞인 청을 담고 실온에서 하루 숙성한다.

6. 컵에 얼음을 담고 숙성된 토마토 바질청을 넣는다.

7. 탄산수를 넣고 잘 섞어 완성한다.

(4-1)

(4-2)

(6)

(7)

자몽 카모마일　티

Grapefruit Chamomile Tea

알알이 터지는 자몽 알갱이로 담은 자몽청과 카모마일의 조화
가 좋은 상큼한 허브 블랜딩 티예요.
얼음을 넣어 차갑게 만들어도 좋고, 겨울에는 뜨거운 물을 부
어 따뜻하게 즐길 수도 있답니다.

○ 자몽청
  자몽 알갱이 200g
  설탕 150g
  레몬즙 10g

○ 카모마일 티 3g
○ 뜨거운 물 100ml
○ 자몽청 70g
○ 얼음
○ 장식용 로즈메리 1줄기
○ 장식용 레드커런트 약간

1. 자몽은 껍질을 까서 과육만 잘라낸 후 알갱이 200g을 준비한다.

2. 볼에 자몽 알갱이, 설탕, 레몬즙을 넣고 섞어준 후 열탕 소독한 유리병에 담는다. 실온에서 하루 숙성한다.

3. 카모마일 티에 분량의 뜨거운 물을 넣고 약 5분간 우린다.

4. 450ml 컵에 자몽청을 넣은 후 얼음을 가득 담는다. 카모마일 티를 부어준 후 얼음을 다시 가득 채운다.

   TIP 뜨거운 차로 즐길 때는 컵에 자몽청을 넣은 후 뜨거운 물을 붓고 카모마일 티백을 추가해 우려내면 됩니다.

5. 에이드에 로즈메리와 레드커런트를 장식하여 마무리한다.

(1)

(4-1)

(4-2)

(5)